时间序列预测

R 语言实战

U0240287

主　编　苏理云

副主编　全　靖　赵胜利　余　静

重庆大学出版社

内容简介

时间序列预测以 R 语言为工具,主要介绍时间序列的分解、处理及统计建模可视化。全书共分为 9 章,首先介绍了 R 软件中处理时间序列数据的方法以及如何进行时间序列数据的可视化,然后介绍了 ARIMA 模型及其相关扩展形式的原理、建模方法和应用,以及 GARCH 模型、VAR 模型、VARX 模型等,最后介绍了基于机器学习的时间序列预测方法、混沌时间序列的概念与特性,并提供了 2 个综合案例分析。

本书可作为统计学、应用统计学、经济统计学、数学与应用数学、信息与计算科学、金融学、金融工程、数字经济等专业本科教材或统计学、应用统计、数学、电子信息等专业研究生教材,也可作为数据分析相关专业人士参考资料。

图书在版编目(CIP)数据

时间序列预测 R 语言实战 / 苏理云主编. -- 重庆 :
重庆大学出版社, 2025. 1. -- ISBN 978-7-5689-4925-5
Ⅰ. O211.61;TP312.8
中国国家版本馆 CIP 数据核字第 2024G1Q460 号

时间序列预测 R 语言实战
SHIJIAN XULIE YUCE R YUYAN SHIZHAN

主 编 苏理云

副主编 全 靖 赵胜利 余 静

责任编辑:秦旖旎 版式设计:秦旖旎
责任校对:王 倩 责任印制:张 策

*

重庆大学出版社出版发行

出版人:陈晓阳

社址:重庆市沙坪坝区大学城西路 21 号

邮编:401331

电话:(023)88617190 88617185(中小学)

传真:(023)88617186 88617166

网址:http://www.cqup.com.cn

邮箱:fxk@cqup.com.cn(营销中心)

全国新华书店经销

重庆亘鑫印务有限公司印刷

*

开本:787mm×1092mm 1/16 印张:12.75 字数:321 千

2025 年 1 月第 1 版 2025 年 1 月第 1 次印刷

ISBN 978-7-5689-4925-5 定价:42.00 元

序
Preface

在当今数据智能时代,许多领域出现了金融、交通流、海杂波等复杂时间序列数据,针对这些数据的分析建模,出现了机器学习、深度学习、混沌建模等新方法,因此,有必要撰写一本介绍适合时间序列分析的综合性方法的书籍,希望本书能对时间序列分析的实战有较大促进作用。

为适应"数智"时代的需要,也为促进统计学相关专业的建设与发展,我们查阅了大量的文献与资料,进行综合分析,并结合多年的教学经验,编写了本书。同时,本书也是重庆市高等教育教学改革研究项目(项目编号:232103)、重庆理工大学教务处教材出版资助计划和重庆理工大学研究生教育高质量发展行动计划资助(项目编号:gzljg2023204、gzlsz202406 和 gzlkc202204)的成果。

本书将提高学生对时间序列数据的实际分析处理能力作为重点,有如下几个方面的鲜明特色:

(1)大部分介绍时间序列分析的教材侧重于数据分析方法的理论及应用介绍,缺少对时间序列分析中的"时间"的处理,本书重点考虑处理时间序列数据中"时间"的方法,包括日期时间、时分秒时间,以及 R 语言中不同类型的时间的处理,包括最新的格式 tsibble、时间格式的 R 语言处理等,具有鲜明的特色。

(2)大部分介绍时间序列分析的教材对于时间序列数据的分解处理只介绍了 X11 分解法,较为陈旧,本书不仅介绍了 X11 分解法、STL 分解法,同时介绍了最新的 X-13ARIMA-SEATS 模型的基本概念和具体建模实例应用等内容,并针对时间序列数据进行了季节性调整和趋势分解以及季节性的可视化分析。

(3)本书在 ARIMA 模型的基础上,增加了 ARIMAX 模型。在 VAR 模型基础上,详细介绍了 VARX 模型,通过实例应用,展示如何运用 VARX 模型进行数据分析和预测。

(4)本书介绍了混沌时间序列预测,包括混沌时间序列的概念与特性、奇异吸引子、相空间重构以及通过关联维数、Lyapunov 指数、Kolmogorrov 熵等参数确定序列是否具有混沌特性的内容,并结合具体实例应用,展示如何应用该技术进行分析和预测。

(5)本书将机器学习与时间序列预测方法相结合,包括"预言家"模型、梯度提升树、随机森林、BP 神经网络、长短期记忆网络和循环神经网络等。

(6)本书以实际问题为驱动,以 R 语言的简洁+泛函式编程为工具,通过两个综合案例分别给出单变量时间预测模型方法和多变量时间序列模型预测方法,增强学生解决实际复杂问题的能力。

本书的内容可在64学时讲完,也可根据实际情况适当取舍,在48学时内对重点内容进行讲解。

本书由重庆理工大学理学院苏理云教授担任主编,全靖副教授、赵胜利博士和余静博士担任副主编,共同编写而成,其中苏理云编写第1、2、3、7、8、9章,全靖编写第4章,赵胜利编写第5章,余静编写第6章,全书由苏理云统稿,其中部分代码编写、文字录入、校对等工作由重庆理工大学2021级应用统计学专业学生李成春、邱一钒、尹鑫洁、张雨彤、周小莞、张籍文完成,在此表示衷心的感谢!本书得到了重庆理工大学教务处、重庆理工大学理学院、重庆理工大学研究生院的大力支持,在此一并表示感谢!同时也向对本书的出版给予关心与支持的同仁致以衷心的感谢!

本书可供统计学、应用数学、经济管理、大数据、人工智能等专业的本科生、研究生和教师阅读,也可作为数据分析相关专业人士参考用书。由于编者水平有限,书中难免存在错误或疏漏,敬请读者批评指正。

苏理云

2024 年 6 月

目　录
Contents

第1章
基本介绍 ···

1.1 时间序列数据

本节主要介绍了 R 语言中的时间序列数据,包括时间序列数据的类型、时间格式处理、时序图的绘制、数据基本处理以及平稳性检验和处理等内容。

1.1.1 TS 与 XTS

(1)ts 类型

ts 是 R 语言的 stats 包中支持的规则时间序列类型,具有 start 和 frequency 两个属性,对于年度数据,frequency = 1,对于月度数据,frequency = 12。但是日数据最好不使用时间标签为具体日历时间的 ts 类型,因为很多情况下金融数据在周末和节假日一般无日数据,而 ts 类型要求时间是每一天都相连的,不能从周五直接跳到周一。

ts 对象可通过以下方式创建:

$$ts<-ts(\,data\,,start = start\_time\,,frequency = frequency\,)$$

这里的 data 是包含时间序列数据的向量或矩阵,start_time 是时间序列的起始时间点,frequency 是时间序列的频率。

要使用 ts 类型的时间序列对象,需要注意以下几点:

①时间序列数据应该是等间隔的,即时间点之间的间隔应保持一致。

②时间序列的起始时间点(start_time)可以多种格式指定,如年份、季度、月份或日期等。R 语言会根据指定的格式自动解析。频率(frequency)指定了每个单位时间内的观测点数。如果频率为 12,则表示每年有 12 个观测点,即月度数据;如果频率为 4,则表示每年有 4 个观测点,即季度数据。

③ts 对象只适用于一维的时间序列数据。

[例 1.1] 数据从 2001 年开始,共 24 年的数据,将该数据转化为时间序列数据,并画出时序图。

计算代码:

```
library(ggplot2)
yd=ts(c(4, 8, 7, 7, 3, 1, 8, 9, 8, 6, 3, 5,5, 8, 2, 5, 9, 2, 5, 2, 3, 2, 2, 4),
frequency=1, start=2001)
df=data.frame(Year=time(yd), Value=as.vector(yd))
ggplot(data=df, aes(x=Year, y=Value)) +
```

```
geom_line( ) +labs( title = " Yearly Time Series" , x = " Year" , y = " Value" ) +theme_
classic( )
```

输出结果如图 1.1 所示。

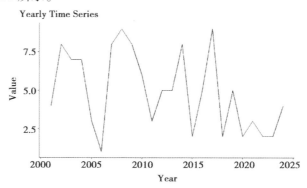

图 1.1　年度数据时序图

（2）xts 类型

xts 是 R 语言中用于处理时间序列数据的一种类型,是在 ts 的基础上创建的扩展时间序列对象。与 ts 相比,xts 提供了更多的功能和灵活性,且 xts 还支持任意多个指标和多维度时间序列数据的存储和处理、缺失值和重复值的处理。xts 对象可与其他 R 包和数据类型无缝协作,如 zoo 等。

创建 xts 对象的基本语法如下:

$$xts<-xts(x = data , order.by = time\_index)$$

其中,data 是一个数据框或矩阵,time_index 是一个日期和时间序列。order.by 是一个参数,指定时间序列数据的时间戳(或索引)。在这里,order.by 是一个日期向量,它指定了每个数据点所对应的日期,确定了数据点的时间顺序。

[例 1.2]　创建年度数据并绘制时序图。

计算代码:

```
library( xts)
library( ggplot2)
years <- seq( 2000 , 2022 , by = 1)
data <- rnorm( length( years) )
my_xts <- xts( data, order.by = as.Date( paste0( years, " -01-01" ) ) )
ggplot( as.data.frame( my_xts) , aes( x = index( my_xts) , y = coredata( my_xts) ) ) +
geom_line( color = " blue" ) +
labs( x = " Year" , y = " Value" ) +
ggtitle( " Yearly Data Plot" ) +theme_classic( )
```

输出结果如图 1.2 所示。

[例 1.3]　创建季度数据并绘制时序图。

计算代码:

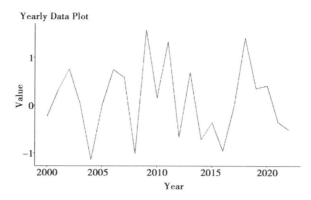

图 1.2　xts **年度数据时序图**

```
quarters <- seq(as.Date("2020-01-01"), as.Date("2022-01-01"), by="quarter")
data <- rnorm(length(quarters))
my_xts <- xts(data, order.by=quarters)
ggplot(as.data.frame(my_xts), aes(x=index(my_xts), y=coredata(my_xts))) +
    geom_line(color="blue") +
    labs(x="Quarter", y="Value") +
    ggtitle("Quarterly Data Plot")+theme_classic()
```

输出结果如图 1.3 所示。

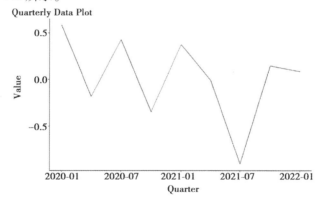

图 1.3　xts **季度数据时序图**

[例 1.4]　创建月度数据并绘制时序图。

计算代码：

```
months <- seq(as.Date("2021-01-01"), as.Date("2022-01-01"), by="month")
data <- rnorm(length(months))
my_xts <- xts(data, order.by=months)
ggplot(as.data.frame(my_xts), aes(x=index(my_xts), y=coredata(my_xts))) +
    geom_line(color="blue") +
    labs(x="Month", y="Value") +
    ggtitle("Monthly Data Plot")+theme_classic()
```

输出结果如图 1.4 所示。

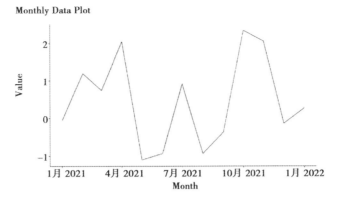

图 1.4　xts **月度数据时序图**

[**例** 1.5]　创建日数据并绘制时序图。

计算代码：

```
dates<-as.Date( c( "2022-01-01", "2022-01-02", "2022-01-03", "2022-01-04",
"2022-01-05", "2022-01-06", "2022-01-07", "2022-01-08", "2022-01-09",
"2022-01-10" ) )
prices <- c( 10, 22, 31, 21, 13, 23, 22, 18, 17, 37)
my_xts <- xts( prices, dates)
my_df <- data.frame( date = index( my_xts), price = coredata( my_xts) )
ggplot( my_df, aes( x = date, y = price) ) +
    geom_line( ) +
  labs( x = "Date", y = "Price" ) +
  ggtitle( "XTS Time Series Plot" ) + theme_classic( )
```

输出结果如图 1.5 所示。

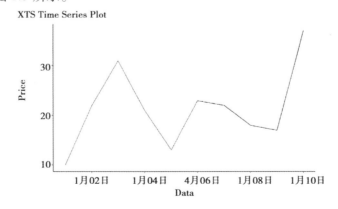

图 1.5　**日数据时序图**

[**例** 1.6]　创建时、分、秒数据并绘制时序图。

计算代码：

```
n <- 100 # 设置数据点数量
timestamps <- as.POSIXct("2023-11-21 00:00:00") + sample(1:100000, n)# 生成
随机时间戳
data <- rnorm(n)# 生成随机数据
my_xts <- xts(data, order.by = timestamps)# 创建时间序列对象
# 使用 ggplot 绘制时间序列图
ggplot(as.data.frame(my_xts), aes(x = index(my_xts), y = coredata(my_xts))) +
    geom_line(color = "blue") +
    labs(x = "Time", y = "Value") +
    ggtitle("Time Series Data Plot") +theme_classic()
```

输出结果如图 1.6 所示。

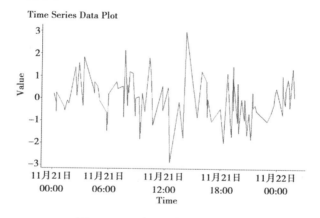

图 1.6　xts 时、分、秒数据时序图

1.1.2　Tsibble 与 Zoo

（1）Zoo 数据

　　Zoo 是一个 R 语言的扩展包,提供了比 R 中基本 ts 时间序列类型更灵活的时间序列类型。Zoo 的特点在于其时间标签(timestamp)可使用 R 中任何日期和时间类型,序列也不需要是等时间间隔的,支持多元时间序列。如果序列符合 ts 类型的要求,则与 ts 类型兼容并可以互相转换。Zoo 也尽可能提供与 ts 类型相同或相似功能的函数。

　　1)处理任意频率的时间序列数据

　　代码如下：

```
Library(zoo)
time_index <- seq(as.POSIXct("2023-10-10 00:00:00°"), as.POSIXct("2023-10-20
00-00-00"). by = "day")
multivariate_data <- data_frame(var1 = c(1:11),var2 = c(11:21))
zoo_obj <- zoo(multivariate_data, order.by = time_index)
print(zoo_obj)
```

结果如下：

	var1	var2
2023-10-10	0.6111150	11
2023-10-11	0.1118463	12
2023-10-12	-0.4423228	13
2023-10-13	1.3936648	14
2023-10-14	1.2194496	15
2023-10-15	0.9006919	16
2023-10-16	0.7359818	17
2023-10-17	0.8354348	18
2023-10-18	-1.1531162	19
2023-10-19	-0.7021276	20
2023-10-20	-0.8095572	21
2023-10-21	-0.1250348	22
2023-10-22	1.2666072	23
2023-10-23	0.6111150	11

创建了一个时间间隔为天的 Zoo 型数据，同理，也可创建以秒、周、月、年为时间间隔的 Zoo 型数据。

2）时间戳的选择

```
select_data<-zoo_obj["2022-01-01/2022-01-10"]
select_data<-zoo_obj[1]
```

可使用具体时间，也可使用下标来获取对应时间的数据。

3）线性插值

```
interpolated_data<-na.approx(zoo_obj)
```

4）移动平均计算

```
smoothed_data<-rollmean(zoo_obj,k=5)
```

结果：

	var1	var2
2023-10-12	0.57875056	13.0
2023-10-13	0.63666594	14.0
2023-10-14	0.76149304	15.0
2023-10-15	1.01704456	16.0
2023-10-16	0.50768837	17.0
2023-10-17	0.12337293	18.0
2023-10-18	-0.21867688	19.0
2023-10-19	-0.39088020	20.0

| 2023-10-20 | -0.30464572 | 21.0 |
| 2023-10-21 | 0.04820052 | 19.4 |

5）基于时间戳的数据合并和对齐操作

多个 Zoo 对象按照时间戳进行合并：

```
merged_data<-merge(zoo_obj1,zoo_obj2)
```

多个 Zoo 对象按照时间戳进行对齐：

```
aligned_data<-align.time(zoo_obj1,zoo_obj2,…)
```

6）绘图

```
df <- data.frame(date=time(zoo_obj), vahies=coredata(zoo_obj))
ggplot(data=df, aes(x=date, y=values .var1))+geom_line( ) +
labs(title="Zoo Object Plot", x="Date",y="Values") + theme_ bw0
```

输出结果如图 1.7 所示。

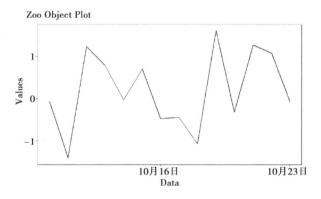

图 1.7　Zoo 数据对象时序图

（2）Tsibble 类型

1）基本概念

Tsibble 是一个用于处理时间序列数据的 R 语言包 Tsibble 的一种数据类型，它使用数据框作为基础格式，并在数据框中提供了一些特殊的属性来支持时序分析，包括时序索引、时间戳、测量变量等。

时序索引：在 Tsibble 中，时序数据必须包含一个唯一的标识符，用于在不同的时间点上标识相同的个体或对象。这个标识符通常被称为"时序索引"或"键"，它可以是单个变量或多个变量的组合，但必须具有唯一性。

时间戳：Tsibble 中的每个观测值都与一个时间点相关联，时间点被称为"时间戳"。时间戳可以是任何支持日期时间格式的对象（如 POSIXct、Date 等），并且通常是一个单独的变量。

测量变量：在 Tsibble 中，测量变量是需要进行分析和建模的数量型变量。测量变量可以是单个变量或多个变量的组合，它们都需要与时间戳和时序索引一起存储在数据框中。

2）数据创建与转换

在 Rstudio 中，Tsibble 类型数据可使用 Tsibble（）函数创建，使用格式为：

```
Tsibble(…,key=null,index,regular=TRUE,drop=TRUE)
```

例如，创建一个日期从 2023 年 11 月 1 日至 10 日，值为标准正态分布随机数的 Tsibble 数据，可使用如下代码：

```
My_Tsibble=Tsibble(data=as.Data("2023-11-01")+0:9,value=rnorm(10))
```

此时可使用 str（my_tsibble）查看数据结构，默认将日期作为时间戳即 index。

Tsibble 数据类型也可与数据框、Zoo、xts 等常用数据类型进行转换。

例如，将上述创建的 my_Tsibble 转换为 Zoo 时间序列对象，可使用如下代码：

```
My_zoo<-as.zoo(my_Tsibble)
```

将 my_Tsibble 转换为 xts 时间序列对象，可使用如下代码：

```
My_xts<-as.xts(my_Tsibble)
```

将数据框或者 Tibble 数据转换为 Tsibble 数据，可使用如下代码：

```
Data=data.frame(data=as.Date("2017-01-01")+0:9,value=rnorm(10))
Data_tsi=as_Tsibble(data,index='date')
```

首先，生成一个日期从 2023 年 11 月 1 日至 10 日，值为标准正态分布随机数的数据框，再运用 as_Tsibble（）函数，指定 index 为 date 列，将其转换为 Tsibble 数据。

3）Tsibble 数据的绘图

在进行时间序列数据的分析时，通常需要通过其时序图对其作一些基本的判断。在 Rstudio 中，Tsibble 数据的时序图绘制多使用 ggplot2 包里的 ggplot（）函数，具体如例 1.7 所述。

［**例 1.7**］ 分别创建年度、月度、每天以及一天以内的分钟数据共 4 份。

```
library(ggplot2)
library(patchwork)
ts data <- Tsibble(date:=as. Date("2023-01-01")+0:60, value=rnorm(61)).
ts data2 <- Tsibble(date=as.Date(paste0(seq(as.Date("2023-01-01"),
by="month", length.out:=24),"-01-01")), value=rnorm(24)).
ts_data3 <- Tsibble(date=as. Date(paste0(seq(as.Date("2023-01-01"),
by="year",length.out=24),"-01-01")),value=rnorm(24))
ts_data4<-Tsibble(datetime=seq(as.POSIXct("2022-01-01 00:00:00"),as.POSIXct
("2022-01-01 00:59:00"),by="mim"),value=rnorm(60))
```

调用 ggplot（）函数绘图。分别对所创建的数据调用下列代码，得到如图 1.8 所示时序图。

```
Par(mfrow=c(2,2))
Plot<-ts_data %>% ggplot(aes(x=date,y=value))+geom_line()+ labs(x='Date',y=
'Value'+ theme_bw)
```

（final_plot<-plot1+plot2+plot3+plot4）

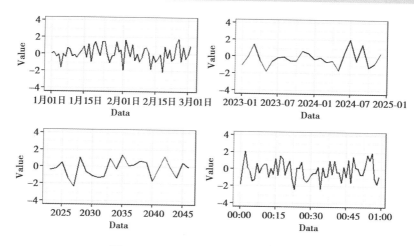

图 1.8　不同时间尺度下的股价时序图

1.1.3　POSIXct 与 POSIXlt

（1）基本概念

POSIXct 和 POSIXlt 是 R 语言中用于处理日期和时间的数据类型。它们都基于 POSIX 标准，用于表示从 1970 年 1 月 1 日起的秒数数据。

POSIXct 是 POSIX 时间戳的数据类型。它以整数或浮点数的形式表示日期和时间，精确到秒。具体来说，POSIXct 使用一个以 1970 年 1 月 1 日 00：00：00 为起点的参考时间，通过计算给定日期和时间与参考时间之间的秒数来表示日期和时间。POSIXct 数据类型适用于需要高精度的日期和时间的计算。

POSIXlt 是 POSIX 本地时间的数据类型。它以列表的形式存储日期和时间的各个组成部分，如年、月、日、时、分、秒等。POSIXlt 提供了更多的日期和时间信息，并且支持更灵活的操作。由于 POSIXlt 保留了原始的日期和时间结构，因此可对其进行更多的定制化处理，如提取特定的日期、时间和星期等。

需要注意的是，POSIXct 和 POSIXlt 在存储和计算上有一些差异。POSIXct 使用较少的内存空间，并且在进行日期和时间计算时更高效；而 POSIXlt 虽然提供了更多的日期和时间信息，但在存储和计算方面需要更多的资源。

（2）在 R 语言中的常见用法

在 R 语言中，可使用 POSIXct 和 POSIXlt 数据类型来处理日期和时间。以下是常见用法：

1）创建 POSIXct 和 POSIXlt 对象

使用 as.POSIXct() 函数将其他日期和时间格式转换为 POSIXct 对象。

使用 as.POSIXlt() 函数将其他日期和时间格式转换为 POSIXlt 对象。

以下是使用 as.POSIXct() 函数将其他日期和时间格式转换为 POSIXct 对象的示例代码：

```
# 将字符型日期转换为 POSIXct 对象
date_str <- "2022-01-01"
posixct_obj <- as.POSIXct(date_str, format="%Y-%m-%d")
# 将字符型日期时间转换为 POSIXct 对象
datetime_str <- "2022-01-01 12:30:45"
posixct_obj <- as.POSIXct(datetime_str, format="%Y-%m-%d %H:%M:%S")
# 将数值型时间戳转换为 POSIXct 对象
timestamp <- 1640999445
posixct_obj <- as.POSIXct(timestamp, origin="1970-01-01", tz="UTC")
```

在以上代码中,通过 as.POSIXct() 函数将不同格式的日期和时间转换为 POSIXct 对象。其中,第一个示例将字符型日期转换为 POSIXct 对象,使用了 format 参数指定输入日期的格式。第二个示例将字符型日期时间转换为 POSIXct 对象,同样使用了 format 参数来指定输入日期时间的格式。第三个示例将数值型时间戳转换为 POSIXct 对象,使用了 origin 参数指定时间戳的起始时间,tz 参数指定时区。POSIXlt 对象的转化方式与代码与 POSIXct 类似。

2) 获取日期和时间的组成部分

对于 POSIXct 对象,可使用各种函数获取不同的时间组成部分。下面列出了一些常用的函数及其用法:

- year():获取年份,返回一个长度为 1 的数值型向量。
- month():获取月份,返回一个长度为 1 的数值型向量,表示月份(从 1 开始)。
- day():获取日期,返回一个长度为 1 的数值型向量,表示一个月中的第几天。
- hour():获取小时数,返回一个长度为 1 的数值型向量,表示小时数(24 小时制)。
- minute():获取分钟数,返回一个长度为 1 的数值型向量,表示分钟数。
- second():获取秒数,返回一个长度为 1 的数值型向量,表示秒数。

对于 POSIXlt 对象,可直接通过列表索引获取相应的组成部分。以下是常见的列表索引:

- POSIXlt 对象的年份:POSIXlt_obj$year 或 POSIXlt_obj[[5]]。
- POSIXlt 对象的月份:POSIXlt_obj$mon 或 POSIXlt_obj[[3]]。
- POSIXlt 对象的日期(月中的天数):POSIXlt_obj$mday 或 POSIXlt_obj[[4]]。
- POSIXlt 对象的小时数:POSIXlt_obj$hour 或 POSIXlt_obj[[6]]。
- POSIXlt 对象的分钟数:POSIXlt_obj$min 或 POSIXlt_obj[[7]]。
- POSIXlt 对象的秒数:POSIXlt_obj$sec 或 POSIXlt_obj[[8]]。

在这里请注意,列表索引是从 1 开始的,所以 POSIXlt_obj $ year 等同于 POSIXlt_obj[[5]]。

3) 格式化日期和时间

可使用 format() 函数将 POSIXct 和 POSIXlt 对象格式化为指定的字符串格式。例如,format(dt_obj, "%Y-%m-%d %H:%M:%S") 会将 POSIXct 对象 dt_obj 格式化为"YYYY-MM-DD HH:MM:SS"的字符串形式。

以下是详细的 R 语言代码示例:

```
# 创建一个 POSIXct 对象
dt_obj <- as.POSIXct("2022-01-01 12:30:45", format="%Y-%m-%d %H:%M:%S", tz="UTC")
# 使用 format() 函数将 POSIXct 对象格式化为指定的字符串格式
formatted_str <- format(dt_obj, "%Y-%m-%d %H:%M:%S")
# 输出结果
print(formatted_str)      # 输出:2022-01-01 12:30:45
```

在以上代码中,首先使用 as.POSIXct() 函数创建了一个 POSIXct 对象 dt_obj,表示日期时间为 2022 年 1 月 1 日 12 时 30 分 45 秒,时区为 UTC。然后,使用 format() 函数将 POSIXct 对象 dt_obj 格式化为"%Y-%m-%d %H:%M:%S"的字符串形式,即"YYYY-MM-DD HH:MM:SS"。最后,打印格式化后的字符串结果。POSIXlt 对象的转化方式和代码与 POSIXct 类似。

4)进行日期和时间的算术运算

对于 POSIXct 对象,可直接进行算术运算,如加减操作、计算时间间隔等。

对于 POSIXlt 对象,需要先将其转换为 POSIXct 对象,然后进行算术运算。

以下是详细的 R 语言代码示例:

```
# 创建两个 POSIXct 对象
dt1 <- as.POSIXct("2022-01-01 12:30:45", format="%Y-%m-%d %H:%M:%S", tz="UTC")
dt2 <- as.POSIXct("2022-01-02 13:40:55", format="%Y-%m-%d %H:%M:%S", tz="UTC")
# 进行加减操作
dt3 <- dt1 + 3600   # 在原始时间上加 1 小时
dt4 <- dt2 - dt1   # 计算时间间隔
# 输出结果
print(dt3)   # 输出:2022-01-01 13:30:45 UTC
    print(dt4)   # 输出:Time difference of 1.041667 days
```

在以上代码中,首先使用 as.POSIXct() 函数创建了两个 POSIXct 对象,即 dt1 和 dt2,表示不同的日期时间。然后,分别进行了加减操作。在 dt1 上加 1 小时,得到 dt3;计算 dt2 与 dt1 的时间间隔,得到 dt4。这里需要注意的是,计算出来的 dt4 是一个时间间隔对象,可通过 round() 函数将其转化为秒、分钟、小时等单位形式的数值。最后,打印加减操作的结果。这里需要注意的是,进行加减操作时,必须保证所有参与运算的 POSIXct 对象处于同一时区。如果不是,则需要使用 as.POSIXct() 或 as.POSIXlt() 函数将其转化为同一时区的对象。

5)比较日期和时间

可使用关系运算符(如<、>、==等)对 POSIXct 对象和 POSIXlt 对象进行比较,判断日期和时间的先后顺序或相等性。

以下是详细的 R 语言代码示例:

```
# 创建两个 POSIXct 对象
```

```
dt1 <- as.POSIXct("2022-01-01 12:30:45", format = "%Y-%m-%d %H:%M:%
S", tz = "UTC")
dt2 <- as.POSIXct("2022-01-02 13:40:55", format = "%Y-%m-%d %H:%M:%
S", tz = "UTC")
# 使用关系运算符进行比较
is_dt1_before_dt2 <- dt1 < dt2      # 判断 dt1 是否在 dt2 之前
is_dt2_after_dt1 <- dt2 > dt1       # 判断 dt2 是否在 dt1 之后
is_dt1_equal_dt2 <- dt1 == dt2      # 判断 dt1 是否与 dt2 相等
# 输出结果
print(is_dt1_before_dt2)            # 输出:TRUE
print(is_dt2_after_dt1)             # 输出:TRUE
print(is_dt1_equal_dt2)            # 输出:FALSE
```

在以上代码中,首先使用 as.POSIXct() 函数创建了两个 POSIXct 对象,即 dt1 和 dt2,表示不同的日期时间。然后,使用关系运算符进行比较,分别判断 dt1 是否在 dt2 之前、dt2 是否在 dt1 之后以及 dt1 是否与 dt2 相等。这里需要注意的是,比较的结果是逻辑值(TRUE 或 FALSE)。最后,输出比较的结果。注意:进行比较时,必须保证所有参与比较的 POSIXct 对象处于同一时区。如果不是,则需要使用 as.POSIXct() 或 as.POSIXlt() 函数将其转化为同一时区的对象。

6)其他常用函数

Sys.time() 和 Sys.Date() 函数可获取当前系统时间和日期,并返回 POSIXct 对象。

strptime() 函数将字符串解析为 POSIXlt 对象。

difftime() 函数计算两个 POSIXct 对象的时间间隔。

1.2 数据的基本处理

1.2.1 删除缺失值

在实际数据分析中,经常会遇到数据中存在缺失值的情况。缺失值指的是数据集中某些观测值或变量的取值为空缺或未记录。常用的处理方法是删除缺失值,也可采用插值法等填充缺失值。下面介绍删除缺失值的方法。

(1)na.omit() 函数

na.omit() 函数主要用于删除数据框中的缺失值(NA 值),使用 na.omit() 函数进行空值删除时,将删除包含空值的整行。对于向量、列表、因子来说,na.omit() 函数并不直接适用,可使用 is.na() 函数进行 NA 值的检测,然后根据具体需求选择合适的方法进行处理。

删除数据框中的空值,计算代码如下:

```
df <- data.frame(
  ID = c(1,2,3),
  Name = c("Alice", "Bob", "Charlie"),
```

```
    Age = c(25, NA, 28)
)
new_df <- na.omit(df)
new_df
```

输出结果见表1.1。

表 1.1　含缺少数据的表格处理

df			new_df		
ID	Name	Age	ID	Name	Age
1	Alice	25	1	Alice	25
2	Bob	NA	3	Charlie	28
3	Charlie	28			

从表1.1可以看出,由于第2行记录中存在缺失值,运行上述代码之后,第2行数据就被删除了。

（2）complete.cases()函数

complete.cases()函数只能用于数据框处理,如果想检查向量中的完整观测值,可将向量转换为数据框后再使用该函数。

使用complete.cases()函数删除数据框中的空值,计算代码如下：

```
df <- data.frame(A = c(1, 2, NA, 4), B = c("a", "b", NA, "d")) # 创建一个包含缺失值的数据框
filtered_df <- df[complete.cases(df), ]
```

输出结果见表1.2。

表 1.2　缺失值处理

df			filtered_df		
	A	B		A	B
1	1	a	1	1	a
2	2	b	2	2	b
3	NA	NA	4	4	d
4	4	d			

从表1.2中可以看出,由于数据框中的第3行数据缺失,因此运行上述代码之后,第3行数据就被删除了。

1.2.2　删除重复值

删除重复值在数据处理和分析中有着重要的作用,它可以帮助清洗数据,确保数据质量和准确性,可以有效减少数据量,提高数据处理和分析的效率,还可以避免因数据偏差出现

不准确的分析结果。

（1）unique（）函数

unique（）函数适用于多种格式的数据，包括向量、因子（factor）、数据框（data frame）和列表（list）。对于向量，unique（）函数可以返回向量中唯一值组成的新向量。在 R 语言中，因子是一种用来表示分类变量的数据类型。对于因子，unique（）函数可以返回因子中不同水平（levels）的唯一值。对于数据框，unique（）函数可以应用于整个数据框或其中的某一列，返回数据框中唯一的行或指定列中的唯一值。对于列表，unique（）函数可以返回列表中的唯一元素组成的新列表。

1）使用 unique（）函数删除向量中的重复行

运行代码：

```
vec <- c(1, 2, 3, 3, 4, 4, 5)
unique_vec <- unique(vec)
print(unique_vec)
```

输出结果：

```
> vec <- c(1, 2, 3, 3, 4, 4, 5)
> unique_vec <- unique(vec)
> print(unique_vec)
[1] 1 2 3 4 5
```

2）使用 unique（）函数删除因子中的重复行

运行代码：

```
factor_var <- factor(c("A", "B", "C", "A", "B"))
unique_factor <- unique(factor_var)
print(unique_factor)
```

输出结果：

```
> factor_var <- factor(c("A", "B", "C", "A", "B"))
> unique_factor <- unique(factor_var)
> print(unique_factor)
[1] A B C
Levels: A B C
```

3）使用 unique（）函数删除数据框中的重复行

运行代码：

```
df <- data.frame(name = c("Alice", "Bob", "Charlie", "Alice", "David"), age = c
(25, 30, 35, 25, 40))
unique_df <- unique(df)
print(unique_df)
```

输出结果：

```
df <- data.frame(name=c("Alice", "Bob", "Charlie", "Alice", "David"),age
=c(25, 30, 35, 25, 40))
> unique_df <- unique(df)
> print(unique_df)
        name        age
1       Alice       25
2       Bob         30
3       Charlie     35
5       David       40
```

4)使用 unique()函数删除列表中的重复行

运行代码:

```
my_list <- list(a=1, b=2, c=3, a=1, d=4)
unique_list <- unique(my_list)
print(unique_list)
```

输出结果:

```
> my_list <- list(a=1, b=2, c=3, a=1, d=4)
    > unique_list <- unique(my_list)
    > print(unique_list)
    [[1]][1] 1
    [[2]][1] 2
    [[3]]
    [1] 3
    [[4]]
    [1] 4
```

（2）duplicated()函数

duplicated()函数适用于多种格式的数据,包括向量、因子(factor)、数据框(data frame)和列表(list)。对于向量,duplicated()函数可以检测向量中的重复元素,并返回一个逻辑向量,指示每个元素是否为重复元素。对于因子,duplicated()函数同样可以检测重复水平(levels),并返回逻辑向量来指示每个水平是否为重复值。对于数据框,duplicated()函数可以检测数据框中的重复行,并返回逻辑向量以指示每行是否为重复行。duplicated()函数可以用于检测列表中的重复元素,并返回一个逻辑向量,指示每个元素是否为重复元素。但是,duplicated()函数只能用于检查是否含有重复值,不能用于去除重复值。

1)使用 duplicated()函数处理包含重复行的数据框

运行代码:

```
df <- data.frame(name=c("Alice", "Bob", "Alice", "David", "Bob"),age=c(25,
30, 25, 40, 30))
dup_rows <- duplicated(df)
```

```
print(dup_rows) # 输出逻辑向量,指示哪些行是重复的
```

输出结果:

```
> df <- data.frame(name = c("Alice", "Bob", "Alice", "David", "Bob"), age = c
(25, 30, 25, 40, 30))
> dup_rows <- duplicated(df)
> print(dup_rows)
[1] FALSE FALSE   TRUE FALSE   TRUE
```

2)使用 duplicated()函数处理包含重复行的向量

运行代码:

```
vec <- c(1, 2, 2, 3, 4, 4, 5)
dup <- duplicated(vec)
print(dup)
```

输出结果:

```
> vec <- c(1, 2, 2, 3, 4, 4, 5)
> dup
<- duplicated(vec)
> print(dup)
[1] FALSE FALSE   TRUE FALSE FALSE   TRUE FALSE
```

3)使用 duplicated()函数处理包含重复行的因子

运行代码:

```
factor_var <- factor(c("A", "B", "A", "C", "B", "A"))
dup <- duplicated(factor_var)
print(dup)
```

输出结果:

```
> factor_var
<- factor(c("A", "B", "A", "C", "B", "A"))
> dup <- duplicated(factor_var)
> print(dup)
[1] FALSE FALSE   TRUE FALSE   TRUE   TRUE
```

4)使用 duplicated()函数处理包含重复行的列表

运行代码:

```
my_list <- list(a=1, b=2, a=3, c=4, b=5)
dup_elements <- duplicated(my_list)
print(dup_elements)
```

输出结果:

```
> my_list
<- list(a=1, b=2, a=3, c=4, b=5)
> dup_elements
<- duplicated(my_list)
> print(dup_elements)
[1] FALSE FALSE FALSE FALSE FALSE
```

1.2.3　清除字符串前后空格

在数据分析和处理过程中,文本字段中可能存在额外的空格,清除这些空格有助于确保数据的准确性和一致性,提高文本处理的效率和质量。

(1)trimws()函数

trimws()函数非常灵活,适用于多种格式的数据,包括字符向量、字符串标量、字符型列等。它可用于去除字符串前后的空格、制表符、换行符等空白字符。

使用trimws()函数清除字符串中的前导和尾部空格,运行代码如下:

```
string <- "   Hello, World!    "
trimmed_string <- trimws(string)
print(trimmed_string)
```

输出结果:

```
> string <- "   Hello, World!    "
> trimmed_string <- trimws(string)
> print(trimmed_string)
[1] "Hello, World!"
```

(2)str_trim()函数

str_trim()函数是stringr包中的函数,用于去除字符串中的前导和尾随空白字符(包括空格、制表符和换行符)。str_trim(string)中,string是要处理的字符串或字符向量。

使用str_trim()函数清除字符串前后的空格,运行代码如下:

```
library(stringr)
string <- "   Hello, World!    "
trimmed_string <- str_trim(string)
print(trimmed_string)
```

输出结果:

```
> library(stringr)
> string <- "   Hello, World!    "
> trimmed_string <- str_trim(string)
> print(trimmed_string)
[1] "Hello, World!"
```

（3）gsub( )函数

gsub( )函数是 R 语言中用于全局替换字符串中的模式的函数,可以使用正则表达式来进行匹配和替换。与 sub( )函数不同的是,gsub( )会将所有匹配的子字符串都进行替换,而不仅仅是第一个。gsub(pattern,replacement,x)中,pattern 是要匹配的正则表达式模式,replacement 是要替换为的字符串,x 是要进行替换的原始字符串。该函数适用于字符向量、字符串标量、字符型列等各种格式的数据。可以用于在文本数据中进行复杂的模式匹配和替换操作。

使用 gsub( )函数替换字符串中的子串,运行代码如下:

```
string <- "   Hello, World!   "
trimmed_string <- gsub("^\\s+|\\s+$", "", string, perl=TRUE)
print(trimmed_string)
```

输出结果:

```
> string <- "   Hello, World!   "
> trimmed_string <- gsub("^\\s+|\\s+$", "",string, perl=TRUE)
> print(trimmed_string)
[1] "Hello, World!"
```

1.2.4　修改列名称

在数据处理过程中,列名称往往容易变得复杂。修改列名称,可以提高数据集的可读性和一致性,使列名称更具描述性,能更清晰地表达该列所包含的数据内容,同时也有助于他人理解数据集的结构和含义,为后续的数据分析和应用提供更好的基础。

（1） names( )函数

names( )函数可用于修改数据框(data frame)的列名称。

运行代码:

```
df <- data.frame(col1=1:3, col2=c("A", "B", "C"))
print(names(df))
names(df) <- c("new_name1", "new_name2")
print(names(df))
```

输出结果:

```
> df <- data.frame(col1=1:3, col2=c("A", "B", "C"))
> print(names(df))
[1] "col1" "col2"
> names(df) <- c("new_name1", "new_name2")
> print(names(df))
[1] "new_name1" "new_name2"
```

（2）colnames（）函数

colnames（）函数也可用于修改数据框的列名称，与 names（）函数类似。

运行代码：

```
df <- data.frame( col1 = 1:3, col2 = c( "A" , "B" , "C" ) )
print( colnames( df ) )
colnames( df ) <- c( "new_name1" , "new_name2" )
print( colnames( df ) )
```

输出结果：

```
> colnames( df )
<- c( "new_name1" , "new_name2" )
> print( colnames( df ) )
[1] "new_name1" "new_name2"
```

（3）setNames（）函数

setNames（）函数可以创建一个具有新列名称的数据框副本。

使用 setNames（）函数修改列名称的运行代码如下：

```
df <- data.frame( col1 = 1:3, col2 = c( "A" , "B" , "C" ) )
print( names( df ) )
names( df ) <- setNames( names( df ) , c( "new_name1" , "new_name2" ) )
print( names( df ) )
```

输出结果：

```
> df <- data.frame( col1 = 1:3, col2 = c( "A" , "B" , "C" ) )
> print( names( df ) )
[1] "col1" "col2"
[2] > names( df ) <- setNames( names( df ) , c( "new_name1" , "new_name2" ) )
[3] > print( names( df ) )
[4] [1] "col1" "col2"
```

（4）dimnames（）函数

对于矩阵（matrix）和数组（array），可以使用 dimnames（）函数来修改其维度的名称，包括行名称和列名称（对于矩阵而言）或者更高维度的名称（对于数组而言）。

使用 dimnames（）函数修改矩阵名称的运行代码如下：

```
mat <- matrix( 1:6, nrow = 2, ncol = 3 )
print( dimnames( mat ) )
dimnames( mat ) <- list( c( "row1" , "row2" ) , c( "col1" , "col2" , "col3" ) )
print( dimnames( mat ) )
```

输出结果：

```
> mat <- matrix(1:6, nrow = 2, ncol = 3)
> print(dimnames(mat))
> dimnames(mat) <- list(c("row1", "row2"), c("col1", "col2", "col3"))
> print(dimnames(mat))
[[1]][1] "row1" "row2"
[[2]]
[1] "col1" "col2" "col3"
```

1.2.5 合并列与行

合并列与行在数据处理和分析中具有重要的作用,可以帮助整理数据、整合信息、改善数据展示效果,使其更加清晰和易懂等,并为后续的数据分析提供更好的数据基础。

(1)使用 rbind( )函数按行合并

运行代码:

```
df1 <- data.frame(ID = c(1, 2), Name = c("Alice", "Bob"))
df2 <- data.frame(ID = c(3, 4), Name = c("Charlie", "David"))
merged_df <- rbind(df1, df2)
merged_df
```

输出结果见表1.3。

表 1.3 合并行

df1		df2		merged_df	
ID	Name	ID	Name	ID	Name
1	Alice	3	Charlie	1	Alice
2	Bob	4	David	2	Bob
				3	Charlie
				4	David

从表1.3中可以看出,df1 和 df2 按行合并为了 merged_df。

(2)使用 cbind( )函数按列合并

运行代码:

```
df1 <- data.frame(ID = c(1, 2), Name = c("Alice", "Bob"))
df3 <- data.frame(Score = c(85, 90))
merged_df1 <- cbind(df1, df3)
merged_df1
```

输出结果见表1.4。

表 1.4　合并列

df1		df2	merged_df1		
ID	Name	Score	ID	Name	Score
1	Alice	85	1	Alice	85
2	Bob	90	2	Bob	90

（3）merge 合并

在数据处理中，可能需要将多个数据集合并成一个更大的数据集。这时就可以使用 merge( ) 函数将不同的数据集按照指定的列进行合并：

$$merged\_df <-merge(df1, df2, by = "key\_column", all = TRUE/FALSE)$$

df1 和 df2：要合并的两个数据框。

by：合并时依据的列名，可以是一个或多个列名。

all：表示是否保留所有记录，包括没有匹配项的记录，可以取值为 TRUE 或 FALSE，默认为 FALSE。合并的过程类似于 SQL 中的 JOIN 操作。如果 by 参数指定的列在两个数据框中都存在，那么这些列的值相等的行将会被合并到一起。如果一个数据框中的某些行在另一个数据框中没有匹配项，那么根据 all 参数的值决定是否保留这些行。TRUE 表示保留所有行，包括没有匹配的行，FALSE 表示只保留匹配的行。

使用 merge( ) 函数合并数据，运行代码如下：

```
df1 <- data.frame(ID = c(1, 2, 3),
Name = c("John", "Jane", "Mike"),
Score = c(80, 90, 75))
df2 <- data.frame(ID = c(2, 3, 4),
City = c("New York", "Los Angeles", "Chicago"),
Grade = c("A", "B", "C"))
merged_df <- merge(df1, df2, by = "ID", all = TRUE)
merged_df
```

输出结果见表 1.5。

表 1.5　表格合并

df1			df2			merged_df				
ID	Name	Score	ID	City	Grade	ID	Name	Score	City	Grade
1	John	80	2	New York	A	1	John	80	\<NA\>	\<NA\>
2	Jane	90	3	Los Angeles	B	2	Jane	90	New York	A
3	Mike	75	4	Chicago	C	3	Mike	75	Los Angeles	B
						4	\<NA\>	NA	Chicago	C

1.2.6　数据横向和纵向选择

数据横向和纵向选择在数据处理中通常对应于 filter 和 select 操作。

横向选择通常指基于行的条件进行筛选,只保留满足特定条件的行数据,而过滤掉不符合条件的行,它能够帮助从数据集中提取出符合特定条件的数据子集,使得分析和处理更有针对性和高效。

纵向选择通常指选择特定的列或字段,只保留感兴趣的列,而将其他列舍弃。它能够帮助简化数据集结构,聚焦于关键的数据字段,减少不必要的信息和噪声,使得数据分析和处理更加清晰和有效。

(1)select()函数

select()函数是 dplyr 包中的一个函数,用于选择数据框中的列。该函数可以轻松地选择某些列,同时跳过其他列,可以更方便地筛选数据。

例如,选择数据框 df 中以"col"开头的所有列:

$$result<-select(df, starts\_with("col"))$$

选择数据框 df 中包含"price"字符串的列,并将它们重命名为"cost":

$$result<-select(df, contains("price"), rename(cost=contains("price")))$$

选择数据框 df 中除了"col1"和"col2"列之外的所有列:

$$reslut<-select(df, -col1, -col2)$$

使用 select()函数进行列的选择,完整的运行代码如下:

```
library(dplyr)
data <- data.frame(
ID=c(1, 2, 3, 4, 5),
Name=c("Alice", "Bob", "Charlie", "David", "Eve"),
Age=c(25, 30, 22, 28, 35),
Salary=c(10000, 20000, 15000, 7000, 8000)
)
selected_data <- select(data, ID, Name)
selected_data
```

输出结果见表 1.6。

表 1.6　列选择

data				selected_data	
ID	Name	Age	Salary	ID	Name
1	Alice	25	10000	1	Alice
2	Bob	30	20000	2	Bob
3	Charlie	22	15000	3	Charlie
4	David	28	7000	4	David
5	Eve	35	8000	5	Eve

（2）filter( )函数

filter( )函数是 dplyr 包中的一个函数,用于按照指定条件筛选数据框的行。该函数允许根据特定条件从数据框中选择满足条件的行。

使用 filter( )函数按条件筛选行,运行代码如下:

```
library(dplyr)
data <- data.frame(
ID=c(1, 2, 3, 4, 5),
Name=c("Alice", "Bob", "Charlie", "David", "Eve"),
Age=c(25, 30, 22, 28, 35),
Salary=c(10000, 20000, 15000, 7000, 8000)
)
filtered_data <- filter(data, Age >=30)
filtered_data
```

输出结果见表1.7。

表 1.7 行选择

data				filtered_data			
ID	Name	Age	Salary	ID	Name	Age	Salary
1	Alice	25	10000	2	Bob	30	20000
2	Bob	30	20000	5	Eve	35	8000
3	Charlie	22	15000				
4	David	28	7000				
5	Eve	35	8000				

1.2.7 数据变换

mutate( )函数是 dplyr 包中的一个函数,用于在数据框中创建新的变量(列),或者修改现有变量的值。mutate( )函数可以通过对数据框的每个观测值进行操作,生成新的变量,并将结果添加到原始数据框中。

使用 mutate( )函数创建新的变量,运行代码如下:

```
library(dplyr)
data <- data.frame(
ID=c(1, 2, 3, 4, 5),
Name=c("Alice", "Bob", "Charlie", "David", "Eve"),
Age=c(25, 30, 22, 28, 35),
Salary=c(10000, 20000, 15000, 7000, 8000)
)
```

```
new_data <- mutate(data, Bonus=Salary * 0.1)
new_data
```

输出结果见表 1.8。

表 1.8 数据变换

data				new_data				
ID	Name	Age	Salary	ID	Name	Age	Salary	Bonus
1	Alice	25	10000	1	Alice	25	10000	1000
2	Bob	30	20000	2	Bob	30	20000	2000
3	Charlie	22	15000	3	Charlie	22	15000	1500
4	David	28	7000	4	David	28	7000	700
5	Eve	35	8000	5	Eve	35	8000	800

1.2.8 数据排序

数据排序可以将数据按照特定的顺序重新排列,从而使数据更加整齐、有序和易读。排序之后的数据可以帮助我们发现数据中的模式、趋势或规律。例如,对时间序列数据进行排序可以展示数据的演变过程,对数值数据进行排序可以显示最大值或最小值。数据排序在数据处理和分析中是一个重要的操作,能够帮助我们整理数据、发现模式、识别异常值,并为后续的分析、建模和可视化提供更好的数据基础。

1)使用 order( )函数进行排序

```
df <- data.frame(x=c(2, 1, 3), y=c("b", "a", "c"))
order_df <- df[order(df$x, decreasing=TRUE), ]
order_df
```

运行结果:

```
> df <- data.frame(x=c(2, 1, 3), y=c("b", "a", "c"))
> order_df <- df[order(df$x, decreasing=TRUE), ]
> order_df
  x y
3 3 c
1 2 b
2 1 a
```

2)使用 sort( )函数进行排序

```
nums <- c(3, 1, 2)
sorted_nums <- sort(nums)
letters <- c("b", "a", "c")
```

```
sorted_letters <- sort(letters, decreasing=TRUE)
sorted_letters
```

运行结果：

```
> nums <- c(3, 1, 2)
> sorted_nums <- sort(nums)
> letters <- c("b", "a", "c")
> sorted_letters <- sort(letters, decreasing=TRUE)
> sorted_letters
[1] "c" "b" "a"
```

3）使用 arrange() 函数进行排序

```
library(dplyr)
df <- data.frame(x=c(2, 1, 3), y=c("b", "a", "c"))
arrange_df <- arrange(df, x)
arrange_df
```

运行结果：

```
> library(dplyr)
> df <- data.frame(x=c(2, 1, 3), y=c("b", "a", "c"))
> arrange_df <- arrange(df, x)
> arrange_df
x y
1 1 a
2 2 b
3 3 c
```

1.2.9 数据类型转换

数据类型转换可以将不同的数据类型转换为统一的数据类型，以确保数据的一致性、适应计算、可视化和分析需求，并确保数据的存储和传输的顺利进行。对数据进行类型转换可以为后续的数据分析和建模提供更好的基础。例如，将文本类型的数据转换为数值类型，可应用于机器学习模型的训练和预测。

1）使用 as.numeric() 函数转为数值型

```
char_vector <- c("1", "2.5", "3.7", "4")
num_vector <- as.numeric(char_vector)
print(num_vector)
```

运行结果：

```
> char_vector <- c("1", "2.5", "3.7", "4")
> num_vector <- as.numeric(char_vector)
```

```
> print(num_vector)
[1] 1.0 2.5 3.7 4.0
```

2)使用 as.character( )函数转为字符型

```
num_vector <- c(1, 2.5, 3.7, 4)
char_vector <- as.character(num_vector)
print(char_vector)
```

运行结果:

```
> num_vector <- c(1, 2.5, 3.7, 4)
> char_vector <- as.character(num_vector)
> print(char_vector)
[1] "1" "2.5" "3.7" "4"
```

3)使用 as.factor( )函数转为因子

```
char_vector <- c("A", "B", "C", "A", "B")
factor_vector <- as.factor(char_vector)
print(factor_vector)
```

运行结果:

```
> char_vector <- c("A", "B", "C", "A", "B")
> factor_vector <- as.factor(char_vector)
> print(factor_vector)
[1] A B C A B
Levels: A B C
```

数据子集选择是指使用逻辑条件、索引或特定列名来选择数据的子集,可使用运算符如[ ]、subset( )、filter( )等。

1.2.10 长宽转换

长宽转换是指将数据从长格式(long format)转换为宽格式(wide format),或者反之。这种转换通常在数据处理和分析中涉及多个变量和观察值的关系。在某些情况下,将多个变量合并到一个宽格式的表格中可以提高数据的可读性和可操作性。长宽转换在数据处理和分析中是一个重要的操作,能够帮助数据重塑、整理和合并,使得数据更适合于特定类型的分析。可使用函数如 melt( )、cast( )、pivot_longer( )、pivot_wider( )等将数据从宽格式转换为长格式或者反之。

1)将宽数据转换为长数据

```
library(tidyr)
wide_data <- data.frame(
id=c(1, 2),
A=c(10, 30),
```

```
B = c(20, 40)
)
long_data <- pivot_longer(wide_data, cols = c(A, B), names_to = "variable", values_to = "value")
print(long_data)
```

运行结果：

```
> library(tidyr)
> wide_data <- data.frame(+        id = c(1, 2), +
    A = c(10, 30), +
    B = c(20, 40) + )
> long_data <- pivot_longer(wide_data, cols = c(A, B), names_to    = "variable",
values_to = "value")
> print(long_data)
# A tibble:4 × 3
id variable value
    <dbl> <chr>        <dbl>
1    1 A            10
2    1 B            20
3    2 A            30
4    2 B            40
```

2）将长数据转换为宽数据

```
library(tidyr)
long_data <- data.frame(
id = c(1, 1, 2, 2),
variable = c("A", "B", "A", "B"),
value = c(10, 20, 30, 40)
)
wide_data <- pivot_wider(long_data, names_from = variable, values_from = value)
print(wide_data)
```

运行结果：

```
> library(tidyr)
> long_data <- data.frame(+
    id = c(1, 1, 2, 2), +
    variable = c("A", "B", "A", "B"), +
    value = c(10, 20, 30, 40) + )
> wide_data <- pivot_wider(long_data, names_from = variable, values_from = value)
> print(wide_data)
```

```
# A tibble:2 × 3
      id       A       B
    <dbl>   <dbl>   <dbl>
1     1      10      20
2     2      30      40
```

1.2.11　恢复时间格式

恢复时间格式通常指的是将时间数据恢复为日期时间格式,恢复时间格式的作用是提高数据处理和分析的准确性和效率,使得时间数据更易于操作、展示和解释,同时增加数据在不同系统之间的兼容性。

(1)anytime()函数

anytime()函数会根据字符串的内容自动检测日期或日期时间的格式,并进行相应的转换。这使得处理不同日期字符串格式的数据变得非常方便,无须手动指定格式。

```
library(anytime)
date <- anytime("2021-12-31")
date
```

运行结果:

```
> library(anytime)
> date <- anytime("2021-12-31")
> date
[1] "2021-12-31 CST"
```

(2)as.Date()函数

as.Date()函数将字符串转换为日期格式。as.Date(x, format, …)默认的日期格式是"YYYY-MM-DD",在实际使用中,可能需要根据具体的日期格式提供 format 参数,以确保 as.Date()函数能够正确解释输入数据。

```
date_string <- "2023-11-18"
date <- as.Date(date_string)
print(date)   # 输出为 "2023-11-18"
```

运行结果:

```
> date_string <- "2023-11-18"
> date <- as.Date(date_string)
> print(date)   # 输出为 "2023-11-18"
[1] "2023-11-18"
```

(3)strptime()函数

strptime()函数是 R 语言中用于将字符型数据按照特定的格式解析为日期时间类型的

函数。它可以将字符型数据转换为 POSIXct 或 POSIXlt 类型的日期时间数据。

```
datetime_string <- "2023-11-18 12:00:00"
datetime <- strptime(datetime_string, format = "%Y-%m-%d %H:%M:%S")
print(datetime)
```

运行结果：

```
> datetime_string <- "2023-11-18 12:00:00"
> datetime <- strptime(datetime_string, format = "%Y-%m-%d %H:%M:%S")
> print(datetime)
[1] "2023-11-18 12:00:00 CST"
```

（4）其他函数类型

lubridate 包提供了许多将字符型数据按照特定格式解析为日期时间类型的函数，如：
- ymd()：将字符型数据按照年、月、日格式解析为日期时间类型。
- mdy()：将字符型数据按照月、日、年格式解析为日期时间类型。
- dmy()：将字符型数据按照日、月、年格式解析为日期时间类型。
- ymd_hms()：将字符型数据按照年、月、日、时、分、秒格式解析为日期时间类型。
- ymd_hm()：将字符型数据按照年、月、日、时、分格式解析为日期时间类型。
- mdy_hms()：将字符型数据按照月、日、年、时、分、秒格式解析为日期时间类型。
- dmy_hm()：将字符型数据按照日、月、年、时、分格式解析为日期时间类型。

```
library(lubridate)
date_string <- "2023-11-18"
date <- ymd(date_string)
print(date)
```

运行结果：

```
> library(lubridate)
> date_string <- "2023-11-18"
> date <- ymd(date_string)
> print(date)
[1] "2023-11-18"
```

1.2.12 生成完整的时间序列对象

识别缺失数据并进行线性插值是一种常用的数据处理方法，用于处理时间序列数据中的缺失值。线性插值基于已知数据点之间的线性关系来估计缺失数据点的值。首先，需要将原始的时间序列数据转换为适合处理的时间序列对象。在 R 语言中，可以使用 zoo 包中的 zoo() 函数创建时间序列对象。时间序列对象由两部分组成：索引和值。索引表示数据点的时间戳，而值表示相应时间点处的观测值。接下来，需要确定时间序列数据中的缺失值，再确定插值的范围。这可以通过使用 start() 和 end() 函数来获取时间序列对象的起始日期和结束日期。一旦确定了插值的范围，就可以使用线性插值法来填充缺失数据。线性插值法是一种简单而常用的方法,对于大部分情况下的缺失数据处理是有效的。然而,需要注意的是,线性插值可能无法捕捉到数据中的非线性趋势或极端值的影响。

[例 1.8] 识别缺失数据并进行线性插值。

运行代码:

```
library(zoo)
# 创建包含缺失时间数据的数据框
data <- data.frame(
date = as.Date(c("2023/1/3", "2023/1/4", "2023/1/5", "2023/1/6", "2023/1/8"), format = "%Y/%m/%d"),
close = c(51.88, 53.75, 54.91, 54.01, 54.11)
)
# 将数据转换为时间序列对象
ts_data <- zoo(data$close, order.by = data$date)
# 生成完整的时间序列对象
complete_ts_data <- na.approx(ts_data, xout = seq(start(ts_data), end(ts_data), by = "day"))
print(complete_ts_data)
```

运行结果:

```
> library(zoo) > # 创建包含缺失时间数据的数据框
> data <- data.frame(+    date = as.Date(c("2023/1/3", "2023/1/4", "2023/1/5", "2023/1/6", "2023/1/8"), format = "%Y/%m/%d"), +    close = c(51.88, 53.75, 54.91, 54.01, 54.11) + )
> # 将数据转换为时间序列对象> ts_data <- zoo(data$close, order.by = data$date)
> # 生成完整的时间序列对象> complete_ts_data <- na.approx(ts_data, xout = seq(start(ts_data), end(ts_data), by = "day"))
> print(complete_ts_data)
2023-01-03 2023-01-04 2023-01-05 2023-01-06 2023-01-07 2023-01-08
     51.88      53.75      54.91      54.01      54.06      54.11
```

1.3 平稳性检验及处理

在传统的时间序列分析方法中,不少方法都以平稳序列为前提,如 ARIMA 模型、VAR 模型等,因此区分研究对象是平稳序列还是非平稳序列是时间序列分析的首要步骤。

1.3.1 平稳性的定义

如果时间序列$\{X_t\}$的观测值在某一个常数附近波动并且波动范围有限,同时观察到延迟 k 期的自相关系数与自协方差为常数,那么称该时间序列是平稳序列,即满足

$$E(X_t) = E(X_{t-j}) = \mu$$

$$\mathrm{Var}(X_t) = \mathrm{Var}(X_{t-j}) = \sigma^2$$
$$\mathrm{Cov}(X_t, X_{t-s}) = \mathrm{Cov}(X_{t-j}, X_{t-j-s}) = \gamma_s \tag{1.1}$$

1.3.2 平稳性检验

时间序列的平稳性可以通过时序图和自相关图进行粗略判断,但这往往比较主观,实际中往往使用时序图和自相关图作为辅助,使用假设检验对时间序列的平稳性进行更可靠的判断,其中 ADF 单位根检验为一种经典且常用的时间序列平稳性检验方法。

ADF 检验的原理基于 Dickey-Fuller 回归模型,该模型可表示为以下形式:

$$\Delta X_t = \alpha + \gamma X_{t-1} + \delta_1 \Delta X_{t-1} + \cdots + \delta_p \Delta X_{t-p} + \varepsilon_t \tag{1.2}$$

其中,X_t 是原始时间序列,ΔX_t 表示一阶差分后的序列,α、β、γ 和 δ 是待估计的系数,ε_t 是误差项。

ADF 检验的原假设为存在单位根,即序列 X_t 是非平稳的,即

$$\mathrm{H}_0 : \gamma \geqslant 0 \leftrightarrow \mathrm{H}_1 : \gamma < 0$$

检验统计量的计算公式为

$$\tau = \frac{\hat{\gamma}}{\hat{\sigma}}$$

其中,$\hat{\gamma}$ 表示 γ 的估计,$\hat{\sigma}$ 表示估计标准差。同时,ADF 检验还可扩展为包含趋势项和季节性项的模型,以适用于不同类型的非平稳时间序列。

1.3.3 非平稳序列的处理

序列 $\{X_t\}$ 不平稳,即序列 $\{X_t\}$ 不满足常数均值常数方差,由此产生趋势性非平稳和波动性非平稳两种不同类型的不平稳序列。

(1)趋势性非平稳序列的处理

1)差分

对原始时间序列进行一阶差分操作,即计算相邻观测值之间的差异。这可以通过减去前一个时刻的值来实现。差分操作可以有效地消除线性趋势,将非平稳的时间序列转化为平稳的时间序列。

2)移动平均法

计算移动平均值,以平滑序列中的波动性,从而更容易发现趋势。可以使用不同长度的移动平均窗口来适应不同程度的趋势。

3)拟合趋势模型

对趋势进行建模并剔除。可以使用线性回归、多项式拟合或其他趋势模型来捕捉和移除趋势的影响,使得残差序列更加平稳。

4)转换

对时间序列进行对数变换、平方根变换或其他数据变换,以减小趋势的影响。

(2)波动性非平稳序列的处理

1)波动率调整

对时间序列进行波动率调整,常见的方法包括计算波动率的移动平均值或采用其他平

滑技术,以减小波动性的影响。

2）条件异方差模型

使用自回归条件异方差模型或广义条件异方差模型来建模序列的波动性,并对其进行调整。这些模型能够捕捉到时间序列中的波动性特征,并提供一种对波动性进行建模和调整的方法。

3）波动率转换

对时间序列进行波动率的变换,如对数变换或平方根变换,以减小波动性的影响。

4）滤波方法

使用滤波技术来分离时间序列中的趋势和波动成分,从而更好地理解和处理波动性非平稳的情况。

5）长期波动率模型

使用长期波动率模型,如分数阶差分模型,来捕捉时间序列中长期记忆的波动性特征。

第2章
时间序列的分解

2.1 X11 分解法

2.1.1 X11 分解法应用概述

X11 分解法是一种用于对季节性时间序列进行分解的方法。它是 X11 算法的前身,在各个领域都有广泛的应用,包括但不限于以下场景。

(1)经济数据分析

X11 分解法常用于处理经济数据,如就业数据、生产数据、销售数据等。通过对这些数据进行季节性调整和趋势分析,可以更准确地评估经济的表现和趋势,为政府决策、企业战略制定提供重要参考。

(2)市场分析

在金融领域,X11 分解法被广泛用于分析股票、商品、货币等市场的季节性波动和长期趋势。投资者可以借助 X11 分解法揭示市场的周期性特征,从而做出更明智的投资决策。

(3)气象数据处理

气象数据中常常存在明显的季节性变化,如气温、降水量等。X11 分解法可以帮助气象学家对这些数据进行季节性调整,从而更好地理解气候变化规律和趋势。

(4)销售预测

在零售行业,X11 分解法可以帮助企业进行销售预测,识别出销售数据中的季节性波动和趋势,为库存管理、生产计划等提供指导。

(5)其他领域

除以上几个领域外,X11 分解法还被应用于人口统计、交通流量分析、医疗数据分析等多个领域,以揭示数据的规律和趋势。

2.1.2 分解成分

X11 分解法将季节性时间序列分解为 3 个部分:长期趋势、季节性和不规则成分。

(1)长期趋势

长期趋势表示时间序列的长期变化趋势,通常使用移动平均或回归模型来估计。

(2)季节性

季节性表示时间序列在特定季节周期内的重复模式,它是由季节因素引起的。

（3）不规则成分

不规则成分表示无法归因于长期趋势和季节性的随机波动或残余。

2.1.3 重要公式和算法

（1）加法模型的分解公式

$$Y[t] = T[t] + S[t] + R[t] \qquad (2.1)$$

其中，$Y[t]$表示原始时间序列数据，$T[t]$表示趋势成分，$S[t]$表示季节成分，$R[t]$表示剩余项。

（2）乘法模型的分解公式

$$Y[t] = T[t] \times S[t] \times R[t] \qquad (2.2)$$

其中，$Y[t]$表示原始时间序列数据，$T[t]$表示趋势成分，$S[t]$表示季节成分，$R[t]$表示剩余项。

（3）平滑季节因子计算公式

$$S[t] = (Y[t]/T[t])/(Y[t-1]/T[t-1]) \qquad (2.3)$$

其中，$S[t]$表示第t个季节因子，$Y[t]$表示原始时间序列数据，$T[t]$表示趋势成分。

（4）季节调整公式

$$Y\_adj[t] = Y[t]/S[t] \qquad (2.4)$$

其中，$Y\_adj[t]$表示进行季节调整后的时间序列数据。

（5）浮动日效应计算公式

$$D[t] = Y\_adj[t]/(Y\_adj[t-d] * S\_adj[t-d]) \qquad (2.5)$$

其中，$D[t]$表示第t个浮动日效应，$Y\_adj[t]$表示进行季节调整后的时间序列数据，$S\_adj[t]$表示进行浮动日调整后的季节因子。

2.1.4 X11加法分解示例代码

```
library(tidyverse)
library(Tsibble)
library(feasts)
library(fpp3)

us_retail_employment <- us_employment %>%
  filter(year(Month)>=2000, Title=="Retail Trade")

x11_dcmp <- us_retail_employment %>%
  model(x11=feasts::X11(Employed, type="additive")) %>%
  components()
autoplot(x11_dcmp) +
  ggtitle("Additive X11 decomposition of US retail employment in the US") +
  theme_bw()
```

运行结果如图 2.1 所示。

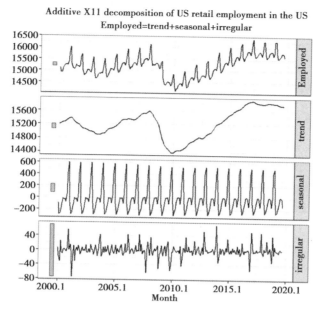

图 2.1 X11 加法分解

在这个加法模型示例中,使用 fpp3 包中的数据集 us_employment 对方法进行说明。这个数据集包含了从 1948 年开始的美国就业人数的月度数据,共分成 143 个行业。选择零售业(Retail Trade)2000 年后的数据进行分析,通过 X11 方法进行加法分解,最后清晰地得到被拆解为趋势成分(trend)、季节成分(seasonal)、剩余项(irregular)的就业人数的月度数据,从趋势上看,X11 捕捉到了 2007—2008 年全球金融危机导致的数据突然下跌。从季节成分上看,可以发现明显的周期性,每年一月的就业人数都是最低的。

2.1.5 X11 经典分解示例代码

```
library( seasonal )
library( ggplot2 )
# 设置时间范围为 2000 年以后
us_retail_employment<- us_employment %>%
    filter( year( Month )>=2000, Title == "Retail Trade" )
#us_retail_employment <- window( us_retail_employment, start = c( 2000, 1 ) )
# 进行 X11 分解
x11_dcmp <- us_retail_employment %>%
    model( x11 = X_13ARIMA_SEATS( Employed ~ x11() ) ) %>%
    components()
# 绘制分解图
autoplot( x11_dcmp ) +
    labs( title = "Decomposition of total US retail employment using X-11" )
```

```
# 绘制趋势、季节性调整数据和原始数据
x11_dcmp %>%
  ggplot( aes( x = Month ) ) +
  geom_line( aes( y = Employed, colour = "Data" ) ) +
  geom_line( aes( y = season_adjust,
                  colour = "Seasonally Adjusted" ) ) +
  geom_line( aes( y = trend, colour = "Trend" ) ) +
  labs( y = "Persons( thousands )",
        title = "Total employment in US retail" ) +
  scale_colour_manual(
    values = c( "gray", "#0072B2", "#D55E00" ),
    breaks = c( "Data", "Seasonally Adjusted", "Trend" )
  )
# 绘制季节成分子序列图
x11_dcmp %>%
  gg_subseries( seasonal )
  )
# 绘制季节成分子序列图
x11_dcmp %>%
  gg_subseries( seasonal )
```

运行结果如图 2.2—图 2.4 所示。

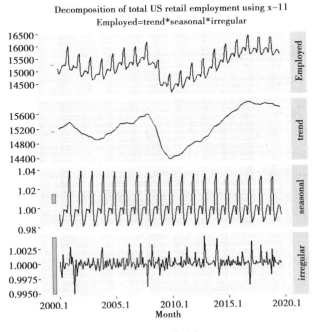

图 2.2　经典分解

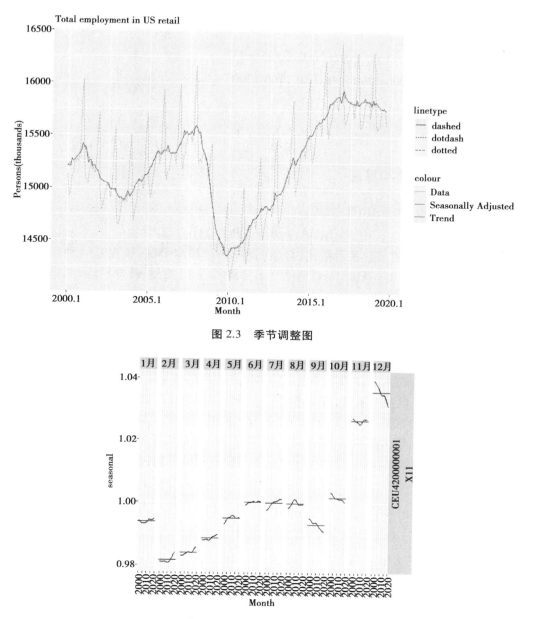

图 2.3　季节调整图

图 2.4　季节成分子序列图

比较如图 2.1 所示加法分解的结果和如图 2.2 所示乘法分解的结果。乘法分解的 X11 趋势周期更好地捕捉到了 2007—2008 年全球金融危机导致的数据突然下跌。

使用季节成分子序列图(图 2.4)可以更好地理解季节成分随时间的变化,可以看到在不同年份每个月都有较小的变化,有些变化甚至存在一定的"趋势"。季节成分曲线附带一个均值线,用于表示季节成分的平均值。这条线可以帮助判断季节成分曲线是否在正常范围内波动,其中不同年份的 12 月份波动较大。

2.1.6　练习题

假设你是某家超市的经理,收集了过去两年每个季度的销售数据。现在需要对这些数据应用 X11 加法模型进行季节调整。请使用 X11 加法模型对以下 8 个季度的销售数据进行处理,并解释处理过程。

Quarter:Q1 Q2 Q3 Q4 Q1 Q2 Q3 Q4

Sales: 800 900 1000 1200 950 1050 1100 1300

2.2 X-13ARIMA-SEATS

2.2.1 重要公式和算法

(1)自回归移动平均(ARIMA)模型

$$ARIMA(p,d,q)(P,D,Q)s$$

这是 ARIMA 模型的参数表示格式,自回归移动平均(ARIMA)模型是一种广泛用于时间序列分析和预测的模型。ARIMA 模型结合了自回归(AR)模型、移动平均(MA)模型和差分(I)整合模型的特性。

$ARIMA(p, d, q)(P, D, Q)s$ 中的参数含义如下:

- p:AR 模型的阶数,表示模型中考虑的自回归项的数量。
- d:差分次数,表示时间序列进行差分以使其变得平稳的次数。
- q:MA 模型的阶数,表示模型中考虑的移动平均项的数量。
- P:季节性 AR 模型的阶数,表示考虑的季节性自回归项的数量。
- D:季节性差分次数,表示进行季节性差分以使时间序列变得平稳的次数。
- Q:季节性 MA 模型的阶数,表示考虑的季节性移动平均项的数量。
- s:季节性周期长度,表示时间序列中的季节性变化的周期长度。

(2)季节调整公式

$$Y\_adj[t] = Y[t]/S[t] \tag{2.6}$$

(3)趋势估计

$$T[t] = (1 - B)\hat{\ }d * (1 - B\hat{\ }s)\hat{\ }D * Tend[t] \tag{2.7}$$

(4)季节调整后的残差计算

$$Residual[t] = Y\_adj[t] - T[t] \tag{2.8}$$

其中,Y[t]表示原始时间序列数据,Y_adj[t]表示进行季节调整后的时间序列数据,S[t]表示季节影响因子,T[t]表示趋势成分,Tend[t]表示趋势估计结果,Residual[t]表示季节调整后的残差。

2.2.2 示例代码

```
library(seasonal)
library(x13binary)
library(datasets)
# 查看 AirPassengers 数据集
```

```
head( AirPassengers )
plot( AirPassengers )
# 查看 AirPassengers 数据集的类别
class( AirPassengers )

# 查看时间序列属性
time( AirPassengers )
frequency( AirPassengers )
AirPassengers.adj <- seas( AirPassengers )
plot( AirPassengers.adj )
AirPassengers.sa0 = seas( x = AirPassengers )
summary( AirPassengers.sa0 )
```

运行结果如图 2.5—图 2.6 所示。

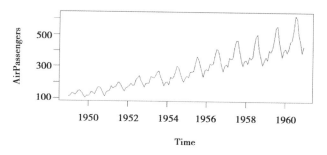

图 2.5　原始数据图

Original and Adjusted Series

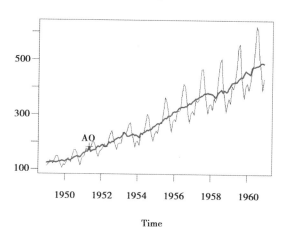

图 2.6　季节调整图

原始数据序列如图 2.5 所示,存在明显的季节性,直接使用 seas( ) 函数对此时间序列数据进行季节调整,得到经过季节调整后的数据与原始数据对比图,如图 2.6 所示。

2.2.3 练习题

假设你是一家零售公司的数据分析师,手头有一份包含过去几年每月销售额的时间序列数据。请使用 X-13ARIMA-SEATS 工具来具体对这份数据进行季节调整。

2.3 STL 分解法

STL 分解法的全称是"Seasonal-Trend decomposition using Loess",即使用局部加权回归(LOESS)进行季节性和趋势分解的方法。STL 分解法是一种常用的时间序列分解方法,可以将时间序列数据分解为季节性、趋势和残差 3 个部分,以便更好地理解和分析数据的特征。

2.3.1 重要公式和算法

(1)将原始时间序列拟合趋势

$$T[t] = LOESS(Y[t], span, degree)$$

这是一个局部加权回归(LOESS)模型的代码,用于在时间序列分析中进行平滑处理。其中:

- $T[t]$ 表示经过 LOESS 处理后的时间 t 处的值;
- $Y[t]$ 表示原始时间序列在时间 t 处的值;
- span 是 LOESS 模型中的窗口宽度参数;
- degree 是 LOESS 模型中的多项式拟合阶数;
- LOESS 是局部加权回归方法。

(2)计算去趋势的时间序列

$$Y\_no\_trend[t] = Y[t] - T[t] \tag{2.9}$$

(3)估计季节性分量

1)将去趋势的时间序列分解为季节平均

$$S[t] = Seasonal\_Mean(Y\_no\_trend[t], period)$$

其中,period 表示季节的周期,可以是月、季度或年等。

2)对季节平均进行平滑处理

$$Smooth\_S[t] = LOESS(S[t], span\_season, degree\_season)$$

其中,span_season 表示季节平滑窗口的宽度,degree_season 表示季节平滑多项式的阶数。

(4)估计残差部分

$$R[t] = Y\_no\_trend[t] - S[t]$$

2.3.2 STL 分解法的优势

1)处理任何类型的季节性

相较于 SEATS(Signal Extraction in ARIMA Time Series)和 X11 分解法,STL 分解法可以处理各种类型的季节性,不仅限于月度或季度数据。

2）季节项灵活变换

STL 分解法允许季节项随时间变化，并且用户可以控制变化的速率。

3）控制趋势−周期项平滑程度

用户可以自主调整趋势−周期项的平滑程度。

4）抗离群点干扰

STL 分解法可以采用稳健的分解方式，对离群点不敏感。

2.3.3 STL 分解法的不足

1）无法自动处理交易日或其他有变动的日期

STL 分解法不能自动适应处理交易日效应或其他具有变动的日期特征。

2）加法分解处理

STL 分解法主要适用于处理加法分解，对于乘法分解的处理相对较弱。

2.3.4 示例代码

```
library( tidyverse )
library( Tsibble )
library( feasts )
library( fpp3 )
us_retail_employment <- us_employment %>%
filter( year( Month ) >=2000, Title == "Retail Trade" ) %>%
select( -Series_ID )
autoplot( us_retail_employment, Employed ) +
labs( y = "Persons( thousands )",
    title = "Total employment in US retail" )


#use the STL decomposition method,
dcmp <- us_retail_employment %>%
model( stl =STL( Employed ) )
components( dcmp )



#The trend column( containing the trend−cycle  Tt )
#follows the overall movement of the series,
#ignoring any seasonality and random fluctuations
components( dcmp ) %>%
as_Tsibble( ) %>%
autoplot( Employed, colour = "gray" ) +
geom_line( aes( y = trend ), colour = "#D55E00" ) +
labs(
```

```
    y = " Persons( thousands )",
    title = " Total employment in US retail"
)

#plot all of the components in a single figure using autoplot( )
components( dcmp ) %>% autoplot( )

#For an additive decomposition, the seasonally adjusted data
#are given by yt? St,
#and for multiplicative data, the seasonally adjusted values
#are obtained using yt/St.
components( dcmp ) %>%
as_Tsibble( ) %>%
autoplot( Employed, colour = " gray" ) +
geom_line( aes( y = season_adjust ), colour = " #0072B2" ) +
labs( y = " Persons( thousands )",
    title = " Total employment in US retail" )
```

运行结果如图 2.7—图 2.10 所示。

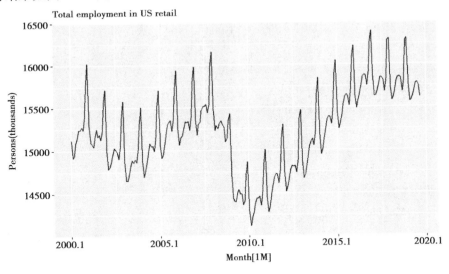

图 2.7　原始数据图

1）原始数据图（图 2.7）

这张图显示了美国零售业就业数据随时间的变化情况，x 轴表示时间，y 轴表示就业人数。

2）趋势走向图（图 2.8）

这张图使用 STL 分解方法对数据进行分解，展示了趋势、季节性和残差项。图中的实线段曲线表示原始数据，虚线段曲线表示趋势。这张图可以帮助了解数据的长期趋势。

3）STL 分解图（图 2.9）

这张图将分解结果的所有组件（趋势、季节性和残差项）汇总在一起展示。通过这张图，可以同时观察到每个组件的变化情况，以及它们如何相互作用。

4）季节性调整图（图 2.10）

这张图展示了进行季节性调整后的数据，去除了季节性影响，更突出数据的长期趋势和周期性。波动实线表示原始数据，虚线表示经过季节性调整后的数据。季节性影响：通过对比原始数据和季节性调整后的数据，可以看出季节性调整后的数据波动较小，说明季节性因素对数据的影响被消除或减弱。

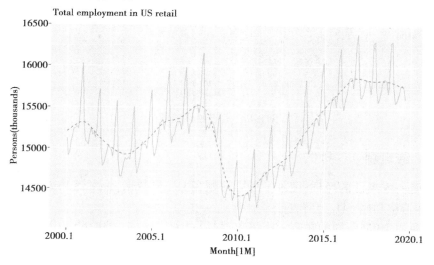

图 2.8　趋势走向图

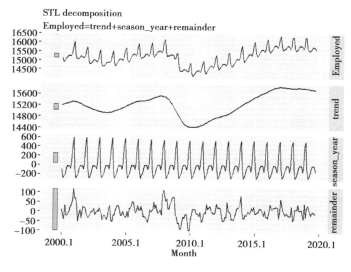

图 2.9　STL 分解图

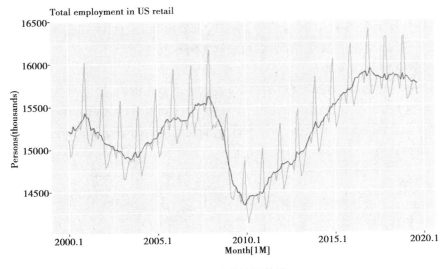

图 2.10　季节性调整图

2.3.5　练习题

假设你是一家餐厅的经理,记录了每周的顾客上座率数据,怀疑这些数据存在季节性变化和趋势,并希望利用 STL 分解方法来分析。

以下是过去 10 周每周的顾客上座率数据(以百分比表示):80,85,70,75,90,95,85,80,75,80。

请使用 R 或 Python 中的 STL 分解法对顾客上座率数据进行分解,展示并解释分解后得到的趋势、季节性和残差部分。

根据 STL 分解的结果,你能从中推断出关于顾客上座率的哪些有价值的信息? 请简要描述。

第3章
时间序列可视化

3.1 基本可视化

3.1.1 常见的时间序列数据

时间序列数据在现实生活中随处可见。例如,股票价格每天都在变化,气温每小时都在测量,经济指标每月发布,电力负荷每分钟都在变动。这些数据都具有时间的依赖性,每个观测值都与前一个观测值相关,这对于预测未来趋势、发现规律、识别异常值等具有重要意义。例如,在金融领域,股票价格、汇率变动等都是时序数据,对投资者和分析师来说,了解这些数据的变化趋势至关重要。在气象学领域,对天气变化数据的分析可以帮助人们做出气象预测,从而采取相应的防范措施。在交通运输领域,对交通流量数据的分析可以帮助规划者优化交通路线和减少拥堵。

时序图作为时序数据分析的基本工具,能够直观地展现数据的变化趋势和特征。通过时序图,我们可以观察到数据的季节性变化、周期性波动、趋势性变化等特征,进而选择合适的模型和方法进行进一步分析。时序图的绘制和分析可以帮助我们更好地理解数据的本质特征,从而做出更准确的预测和决策。图 3.1 和图 3.2 为某地区的温度时序图及二氧化碳浓度时序图。

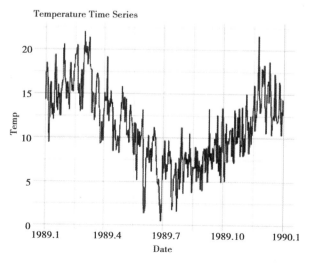

图 3.1　温度时序图

图 3.1 温度时序图绘制了某城市自 1989 年 1 月至 1990 年 1 月间每日的温度数据,可根

据时序图对温度数据进行初步分析。首先,温度数据的均值并非在一个常数周围波动,是非平稳的数据。其次,1989 年 1 月的温度与 1990 年 1 月的温度数值大致相同,具有季节性变化。此外,1 月至 3 月,温度呈上升趋势;4 月至 7 月,温度呈下降趋势;8 月至 12 月,温度呈上升趋势。说明数据有趋势性变化。

图 3.2 二氧化碳浓度时序图绘制了某地区一天内每个小时的二氧化碳浓度。总体上,浓度呈现下降趋势,是非平稳数据,但仅有一天的数据分析,并不存在季节性。

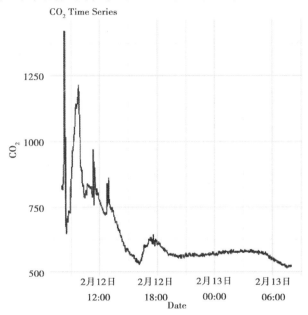

图 3.2 二氧化碳浓度时序图

3.1.2 基本可视化操作

使用 tidyquant 包附带的 FANG 数据进行基本可视化操作。FANG 数据包括 Facebook、Amazon、Netflix 和 Google 四家公司的历史股价数据。

(1)时序图

1)分组绘制

```
library(tidyverse)
library(lubridate)
library(timetk)
library(tidyquant)
knitr::kable(head(FANG))
FANG %>%
        group_by(symbol) %>%
        plot_time_series(date,adjusted,.facet_ncol = 2,.interactive = F)
```

分别绘制各个公司的股价时序图,结果如图 3.3 所示。4 个公司的股价均呈现上升趋势,为非平稳数据,且并无季节性。

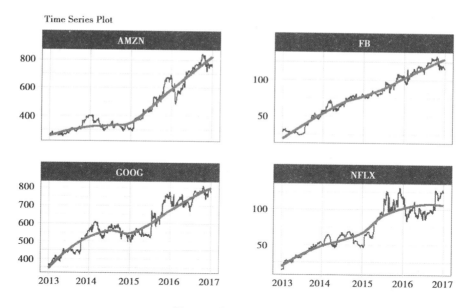

图 3.3 分组股价时序图

2）按季节总和的股价数据绘制

```
FANG %>%
    group_by( symbol ) %>%
    summarise_by_time( date , .by = 'quarter', volume = mean( volume ) ) %>%
    plot_time_series( date , volume , .facet_ncol = 2 , .interactive = F , .y_intercept = 0 )
```

按季节总和的股价数据进行时序图绘制，结果如图 3.4 所示。其中，Amazon 公司的股价呈上升趋势，Facebook 公司的股价呈先上升再下降的趋势，Netflix 和 Google 公司的股价均呈较为显著的下降趋势。

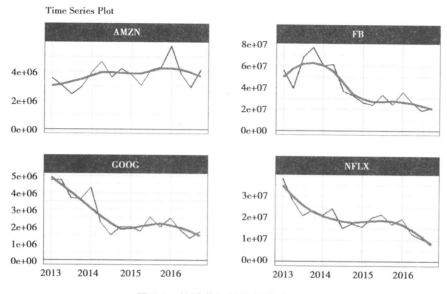

图 3.4 按季节汇总的股价时序图

3）按月排序,获取每个月的第一个值

```
FANG %>%
    group_by( symbol ) %>%
    summarise_by_time(
        date, .by = "month",
        adjusted = FIRST( adjusted )
    ) %>%
    plot_time_series( date, adjusted, .facet_ncol = 2, .interactive = FALSE )
```

提取每月股票的最大值并绘制时序图,如图 3.5 所示。各个公司的股价每月最大值总体上都呈现上升趋势。

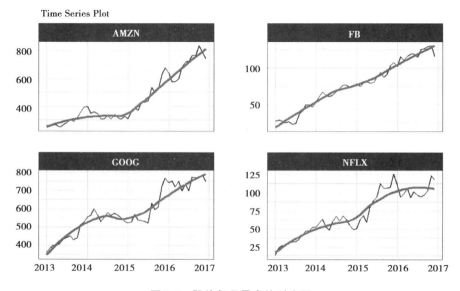

图 3.5　股价每月最高值时序图

4）日期过滤

```
FANG %>%
    group_by( symbol ) %>%
        filter_by_time( date, "2013-09", "2013" ) %>%
    plot_time_series( date, adjusted, .facet_ncol = 2, .interactive = FALSE )
```

筛选 2013 年 9 月至 12 月的数据并绘制时序图,如图 3.6 所示。Facebook 公司的股价在总体上呈现上升趋势,但存在波动;其余公司都处于上升趋势。

（2）自相关与偏自相关图

```
FANG %>%
    filter( symbol == 'FB' ) %>%
        plot_acf_diagnostics( date, adjusted, .interactive = FALSE )
```

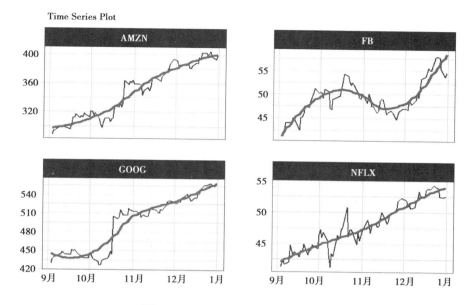

图 3.6　特定时间段内的股价时序图

运行结果如图 3.7 所示。

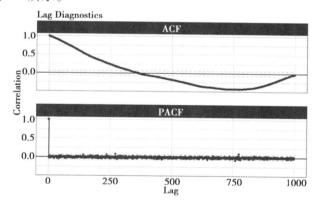

图 3.7　股价数据的自相关图与偏自相关图

　　观察 Facebook 公司股价数据的自相关与偏自相关图。自相关图中,x 轴表示滞后数,y 轴表示相关系数,范围是−0.5~0.5。滞后为 0 时,相关性总是 1,因为这是序列与自身的相关性。曲线代表不同滞后的实际自相关值,虚线为置信区间,曲线随着滞后阶数的增加缓慢下降,为拖尾。

　　偏自相关图与自相关图布局类似,唯一的不同是 y 轴表示偏相关性。随着滞后阶数下降,偏自相关系数迅速下降至零,为截尾。

3.2　季节性的可视化

3.2.1　常见的季节性时间序列数据可视化

时间序列数据往往具有如下特征:趋势性、周期性和季节性。如何识别这些特征,并将它们作为独立的成分从序列中分解出来,是时间序列分析的一个主要任务。通过对季节性时序数据进行可视化,可以更加清晰地观察到数据的趋势性、周期性和季节性等特征,并进一步进行相应的分解和分析。这有助于理解数据的变化规律,为预测未来的趋势和制定相应的决策提供依据。

季节性时序数据有两种形式,在此介绍两种基本可视化方法。

1)TSstudio 包中的 ts_plot( )函数

来自 TSstudio 包的 ts_plot( ),它可以对 ts、xts 和数据框等对象进行操作,运行这个函数可以在浏览器中生成交互的时间序列图像。TSstudio 包以可视化工具 plotly 为基础,提供了关于时间序列的多种交互可视化方法。

2)feasts 包的 autoplot( )函数

来自 feasts 包的 autoplot( )函数,可以对 Tsibble 对象进行操作,运行这个函数可以生成 ggplot2 风格的时间序列图像。feasts 的意思是"Feature Extraction And Statistics for Time Series"(时间序列的特征提取和统计)。feasts、Tsibble 以及 fable 这 3 个 R 包组成了以 Tsibble 对象为基础的完整的时间序列分析系统。

可视化实例及代码:

在这里使用 TSstudio 包的 USgas 数据作为示例,这个数据集记录了 2000—2019 年美国天然气的月度消费数据。以下是完整的 R 代码:

```
###用到的 R 包
library(TSstudio)
library(tidyverse)
library(Tsibble)
library(feasts)
library(lubridate)
##USgas 数据集
    data(USgas)
    ts_info(USgas)
    ##转换为 Tsibble
    USgas_tsbl<-as_Tsibble(USgas)
##可视化
USgas%>%ts_plot( )
USgas_tsbl%>%autoplot( )
```

ts_plot( )函数可视化结果如图 3.8 所示。

autoplot( )函数可视化结果如图 3.9 所示。

可以看到,USgas 这个数据集是一个频率为月的 ts 对象。可以将它转换为 Tsibble 对象 USgas_tsbl。从图中可见,这个序列中存在明显的季节性:冬季是天然气的消费高峰,夏季则是消费低谷。

3.2.2　季节性时间序列数据其他可视化方法

feasts 包中的季节性时间序列数据可视化的方法如下所述。

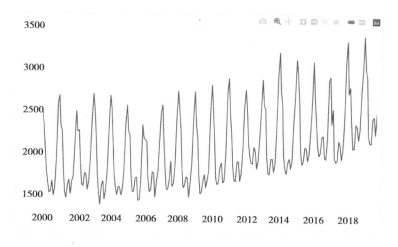

图 3.8　ts_plot( )函数可视化结果

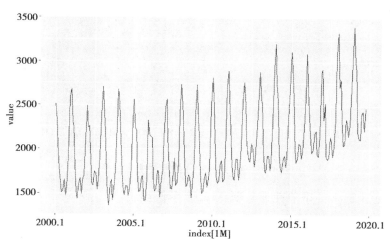

图 3.9　autoplot( )函数可视化结果

以下季节性时间序列数据可视化的方法使用 TSstudio 包中的 USgas 数据作为示例,这个数据集记录了 2000—2019 年美国天然气的月度消费数据。

(1)gg_season( )函数

gg_season( )函数按指定的时期(参数 period,默认为 year,对应频率为月)绘制时间序列图,不同年份用不同的颜色表示,若修改参数 period 为 period＝"week",则绘制的季节性时间序列图形将会按周显示。labels 参数确定年份的标记方式,labels＝"both"会在图中标记年份。以下是完整的 R 代码:

```
###用到的 R 包
library(TSstudio)
library(tidyverse)
library(UKgrid)
library(tsibble)
```

```
library ( feasts )
library ( lubridate )
##转换为 tsibble
USgas_tsbl<-as_tsibble ( USgas )
###作图
USgas_tsbl%>%
gg_season ( value, labels = " both " )
```

最终结果如图 3.10 所示。

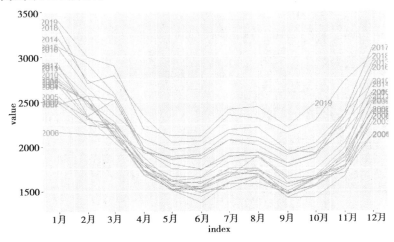

图 3.10　gg_season ( )函数可视化结果

从图中可见,USgas 的季节性为冬季高峰,夏季低谷。

(2)feasts 包中的 gg_subseries ( )函数

feasts 包还提供了函数 gg_subseries ( ),采用分片的方式,对每个季节绘制一个子图。以下是完整的 R 代码:

```
USgas_tsbl%>%
gg_subseries ( value )
```

最终结果如图 3.11 所示。

对数据集绘制了按月分片的季节子图。图中体现了对应分片的每个月的数据在各个年份的表现。除了季节性之外,在图中也表现出了趋势性:美国的天然气需求是持续增加的。

(3)TSstudio 包中的季节性时间序列数据可视化的方法

TSstudio 包目前还不支持 tsibble 对象的可视化,可以通过 tsibble 包的 as.ts ( )函数将 tsibble 对象转换为 ts 对象。以下季节性时间序列数据可视化的方法使用 TSstudio 包的 USgas 数据作为示例,这个数据集记录了 2000—2019 年美国天然气的月度消费数据。

1)ts_seasonal ( )函数

ts_seasonal ( )函数可用于创建交互式的季节图,以展示时间序列数据的季节性模式。该函数接受一个时间序列对象作为输入,并基于数据的周期性特征绘制季节图。

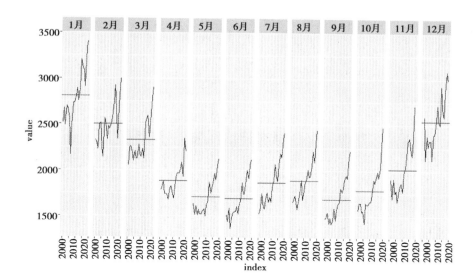

图 3.11 gg_subseries( )函数可视化结果

以下是使用 ts_seasonal( )函数的示例代码：

```
###ts_seasonal-图
ts_seasonal(USgas,type = "all")
```

最终结果如图 3.12 所示。

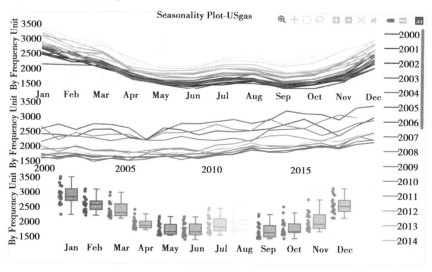

图 3.12 ts_seasonal( )函数可视化结果

可以看到,ts_seasonal( )的表现效果比 gg_season( )要好。ts_seasonal( )函数提供了 3 种图形,根据参数 type 进行选择,type = all 就是将 3 种图形同时画出来。ts_seasonal( )支持展示日、月和季度频率。

2)ts_heatmap( )函数

ts_heatmap( )函数是 TSstudio 包中的一个函数,用于创建时间序列的热力图。可以使用 color 参数来指定热力图的颜色方案。

以下是使用 ts_heatmap( ) 函数的示例代码:

```
##ts_heatmap( )-图
ts_heatmap( USgas,color=" Reds" )
```

最终结果如图 3.13 所示。

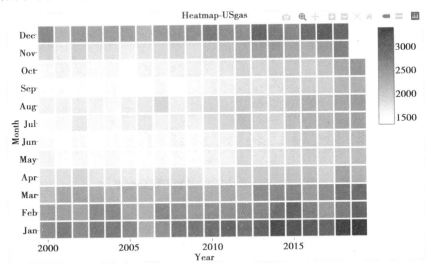

图 3.13   ts_heatmap( ) 函数可视化结果

3) ts_quantile( ) 函数

ts_quantile( ) 函数是 TSstudio 包中的一个函数,用于计算时间序列数据的分位数。该函数可以帮助我们了解时间序列数据的分布情况,并对异常值进行识别。其中的 period 参数可选择以何种时间间隔来计算分位数,如 period = " monthly" 则表示计算月度分位数,其中 n 表示计算的分位数个数,如 n = 2 表示计算两个分位数。

这里使用的数据示例为 UKgrid 包的 UKgrid 数据集。这个数据集记录了英国高压电输电网络全国需求,数据自 2011 年起,以半小时为间隔。

以下是 ts_quantile( ) 函数的使用方法和示例代码:

```
library( UKgrid )
##ts_quantile-图
UKgrid%>%
ts_quantile( period=" monthly" ,n=2)
```

最终结果如图 3.14 所示。

(4) ggplot2 包中的季节性时间序列数据可视化的方法

季节模式可以直接通过观测数据来体现,也可以通过对观测数据进行适当的聚合或汇总统计来体现。例如,通过密度图(或直方图)以分片的方式将时间频率单元的概率分布展示出来,可以直观地观察这些分布的异同,这也是一种探索时间序列数据季节性模式的方法。ggplot2 包的 geom_density( ) 函数是一种常用的绘制密度图的方法,以下是 geom_density( ) 函数的使用方法和示例代码:

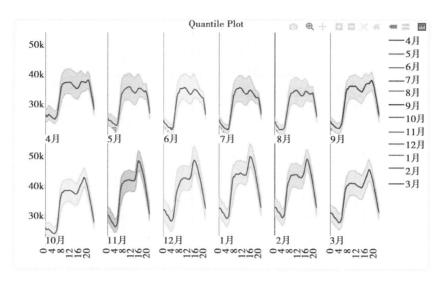

图 3.14　ts_quantile( )函数可视化结果

```
###geom_density 图
USgas_tsbl%>%
mutate( month = month( index , label = T ) )%>%
ggplot( aes( x = value ) )  +
geom_density( aes( fill = month ) )  +
facet_grid( month ~ . ) +
#facet_grid( rows = vars( as.factor( month ) ) ) +
theme( legend.position = " none " ,
        axis.text.y = element_blank( ) )
```

最终结果如图 3.15 所示。

以上代码中：

● mutate(month = month(index , label = T))将数据集中的索引列（日期）转换为月份，并存储在一个新的列 month 中。month( )函数用于提取日期的月份部分，label = T 参数表示使用月份的文本标签而不是数值。

● ggplot(aes(x = value))创建一个基础的 ggplot 对象，并设置 x 轴变量为数据集中的 value 列。

● geom_density(aes(fill = month))调用 geom_density( )函数创建密度图。通过 fill = month 将月份作为颜色填充映射到图形中的不同图层。

● facet_grid(month ~ .)使用 facet_grid( )函数将图形以月份为纵轴进行分组展示。month ~ .中的 month 表示将月份用作纵轴，~ .表示将其他变量（在这里没有指定）用作横轴。

● theme(legend.position = " none " , axis.text.y = element_blank( ))修改图形的主题样式，legend.position = " none" 表示隐藏图例，axis.text.y = element_blank( )表示不显示 y 轴的刻度标签。

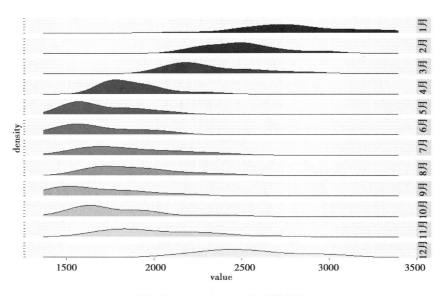

图 3.15　geom_density( )函数结果

第4章

ARIMA模型 ···○

4.1 ARIMA 模型介绍

4.1.1 模型由来

ARIMA 模型全称为差分自回归移动平均模型（Autoregressive Integrated Moving Average Model），是由博克思（Box）和詹金斯（Jenkins）于 20 世纪 70 年代初提出的一著名时间序列预测模型，所以又称为 Box-Jenkins 模型。

ARIMA 模型是一种常用的时间序列预测模型，结合了自回归（AR）和滑动平均（MA）模型的特性，可用于处理经 d 阶差分后平稳的非平稳序列。它被广泛应用于经济学、金融学、气象学等领域。

4.1.2 ARIMA 模型基本概念

ARIMA 模型的名称包含了其主要组成部分的缩写：

自回归（AR）：AR 指的是模型中使用过去观测值的线性组合来预测当前观测值。具体而言，AR 模型假设当前时刻的观测值与前几个时刻的观测值之间存在关系，这些关系通过自回归系数来表示。

差分（I）：差分指的是对原始时间序列进行差分操作，将非平稳的时间序列转化为平稳的时间序列。平稳时间序列的特点是均值和方差不随时间变化而发生显著变化。差分操作可以消除时间序列中的趋势和季节性，使其适用于 AR 和 MA 模型。

滑动平均（MA）：MA 指的是模型中使用过去预测误差的线性组合来预测当前观测值。具体而言，MA 模型假设当前时刻的观测值与前几个时刻的预测误差之间存在关系，这些关系通过滑动平均系数来表示。

4.1.3 ARIMA 模型估计方法

ARIMA 模型的一般形式可以表示为 ARIMA（p, d, q），其中 p 是自回归阶数（AR order），d 是差分阶数（differencing order），q 是滑动平均阶数（MA order）。根据实际问题选择合适的 p、d 和 q 取值。

具有如下结构的模型称为求和自回归移动平均模型，即 ARIMA(p,d,q) 模型：

$$\begin{cases} \Phi(B)\,\nabla^d x_t = \Theta(B)\varepsilon_t \\ E(\varepsilon_t) = 0, \mathrm{Var}(\varepsilon_t) = \sigma_\varepsilon^2, E(\varepsilon_t\varepsilon_s) = 0, s \neq t \\ E(x_s\varepsilon_t) = 0, \forall\, s < t \end{cases} \tag{4.1}$$

式中，

$$\nabla^d = (1-B)^d, \varPhi(B) = 1 - \varphi_1 B - \cdots - \varphi_p B^p \tag{4.2}$$

为平稳可逆 ARIMA(p,q) 模型的自回归系数多项式，

$$\varTheta(B) = 1 - \theta_1 B - \cdots - \theta_q B^q \tag{4.3}$$

为平稳可逆 ARIMA(p,q) 模型的移动平滑系数多项式，$\{\varepsilon_t\}$ 为零均值白噪声序列。

（1）参数估计

在 ARIMA 模型中，参数的估计涉及自回归部分（AR）的系数、差分部分（I）的阶数以及移动平均部分（MA）的系数。对于一个 (p,d,q) 的 ARIMA 模型：

①AR 部分的参数：

ARIMA 模型中的自回归部分表示当前观测值与过去 p 个观测值的线性关系。这里的 p 表示自回归部分的阶数。

如果模型确定了 p 阶自回归部分，那么需要估计 p 个自回归系数，通常用 $\varphi(1)$，$\varphi(2)$，$\cdots$，$\varphi(p)$ 来表示。

②差分部分的阶数：

差分部分的阶数由参数 d 确定，表示为使时间序列变得平稳而进行的差分次数。

③MA 部分的参数：

移动平均部分表示当前观测值与过去 q 个预测误差的线性关系。这里的 q 表示移动平均部分的阶数。

如果模型确定了 q 阶移动平均部分，那么需要估计 q 个移动平均系数，通常用 $\theta(1)$，$\theta(2)$，$\cdots$，$\theta(q)$ 来表示。

在实际的参数估计过程中，通常使用最大似然估计等方法来估计这些参数，以使模型能够最好地拟合观测数据，并且在一定程度上避免过拟合。一般情况下，这些参数是通过专门的统计软件或函数进行估计的，如在 R 语言中可以使用 ARIMA（）函数进行参数估计。

对于模型 AR 与 MA 部分参数的估计，可使用最小二乘法与极大似然法，代码如下所述。

1）使用最小二乘法估计 ARIMA$(1,1,1)$ 模型参数

```
> x.css = arima(x, order = c(1, 1, 1), method = 'CSS')
> summary(x.css)
Call:
arima(x = x, order = c(1, 1, 1), method = "CSS")
Coefficients:
        ar1        ma1
        0.9457    -0.4942
s.e.    0.0768     0.3035
sigma^2 estimated as 0.0231:    part log likelihood = 8.37
Training set error measures:
ME      RMSE      MAE      MPE      MAPE      MASE      ACF1
Training set 0.02712704  0.1437527  0.1096745  0.9506596  3.288156  0.4396749
0.0356201
```

根据参数估计结果，拟合的 ARIMA 模型为 $(1,1,1)$，具体的系数如下：

- 自回归系数(ar1):0.9457。
- 移动平均系数(ma1):−0.4942。
- 白噪声方差的条件最小二乘估计(sigma^2):0.0231。
- 部分对数似然(part log likelihood):部分对数似然为8.37,它是模型的拟合程度的一个度量,数值越大表示模型拟合得越好。
- 训练集误差测度:

均值误差(ME) = 0.02712704

均方根误差(RMSE) = 0.1437527

平均绝对误差(MAE) = 0.1096745

百分比误差(MPE) = 0.9506596

平均百分比误差(MAPE) = 3.288156

平均绝对比例误差(MASE) = 0.4396749

自相关系数(ACF1) = 0.0356201

2) 使用极大似然法估计 ARIMA(1,1,1)模型参数

```
> x.ml = arima(x, order = c(1,1,1), method = 'ML')
> summary(x.ml)
Call:
arima(x = x, order = c(1, 1, 1), method = "ML")
Coefficients:
        ar1         ma1
      0.9719     −0.5054
s.e.  0.0486      0.2650
sigma^2 estimated as 0.02239:  log likelihood = 7.73,  aic = −9.46
Training set error measures:
ME      RMSE       MAE      MPE       MAPE      MASE       ACF1
Training set 0.02042777 0.1456581 0.1174852 0.9878038 3.734802 0.4709874
0.1231182
```

根据参数估计结果,拟合的 ARIMA 模型为(1, 1, 1),具体的系数如下:

- 自回归项系数(ar1):0.9719。
- 移动平均项系数(ma1):−0.5054。
- 残差方差估计(sigma^2):0.02239。
- 部分对数似然(log likelihood):部分对数似然为7.73,它是模型的拟合程度的一个度量,数值越大表示模型拟合得越好。
- 训练集误差测度如下:

均值误差(ME) = 0.02042777

均方根误差(RMSE) = 0.1456581

平均绝对误差(MAE) = 0.1174852

百分比误差(MPE) = 0.9878038

平均百分比误差(MAPE) = 3.734802

平均绝对比例误差(MASE) = 0.4709874

自相关系数(ACF1) = 0.1231182

(2)模型定阶

对于如何给模型进行定阶,这里介绍3种方式。

1)通过 ACF 图与 PACF 图定阶

ACF(自相关函数)图和 PACF(偏自相关函数)图可以帮助我们判断时间序列数据中的自相关性和偏自相关性。在 ARIMA 模型中,自相关性和偏自相关性的截尾点通常可以指示 AR 和 MA 的阶数。

如果 ACF 图在滞后阶数为 k 时截尾,则可能存在一个 AR(k)模型。

如果 PACF 图在滞后阶数为 k 时截尾,则可能存在一个 MA(k)模型。

代码如下:

```
library(forecast)
#读入数据
x<-c(-2.000,-0.703,-2.232,-2.535,-1.662,-0.152,2.155,2.298,0.886,1.871,
1.933,2.221,0.328,-0.103,0.337,1.334,0.864,0.205,0.555,0.883,1.734,0.824,
-1.054,1.015,1.479,1.158,1.002,-0.415,-0.193,-0.502,-0.316,-0.421,-0.448,
-2.115,0.271,-0.558,-0.045,-0.221,-0.875,-0.014,1.746,1.481,0.950,1.714,
0.220,-1.924,-1.217,-1.907,0.200,-0.237)
#构造时间变量
t <- 1:50
# 绘制 ACF 和 PACF 图
par(mfrow=c(2,1))
acf(x)
pacf(x)
```

结果如图4.1所示。

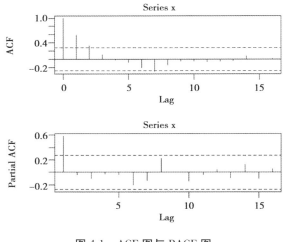

图 4.1　ACF 图与 PACF 图

可以看到自相关系数图呈指数衰减,为拖尾,而偏自相关系数图呈现一阶截尾。

2）通过判定准则定阶

常用的判定准则包括 AIC（赤池信息准则）、BIC（贝叶斯信息准则）和 AICc（校正的赤池信息准则）。这些准则基于模型的拟合优度和模型参数数量之间的权衡。通常，较小的准则值表示较好的模型。可以通过尝试不同的 ARIMA 模型并计算其相应的判定准则值来选择最佳阶数。

代码如下：

```
library(forecast)
# 时间序列数据名称为 myts
x <- myts
# 初始化结果向量
aic_values <- rep(NA, 5)
bic_values <- rep(NA, 5)
aicc_values <- rep(NA, 5)
# 尝试不同阶数的 ARIMA 模型，并计算相应的判定准则值
for(i in 1:5) {
    model <- arima(x, order=c(i,0,0))
    aic_values[i] <- AIC(model)
    bic_values[i] <- BIC(model)
    aicc_values[i] <- AICc(model)
}
# 输出判定准则值
cbind(aic=aic_values, bic=bic_values, aicc=aicc_values)
```

3）自动定阶

自动定阶是一种通过计算不同 ARIMA 模型的判定准则来自动选择最佳阶数的方法。在 R 语言中，可以使用 auto.arima() 函数来实现自动定阶。该函数会根据 AIC、AICc 或 BIC 的值自动选择最佳的 ARIMA 模型。

代码如下：

```
library(forecast)
# 假设你的时间序列数据是 myts
x <- myts
# 使用 auto.arima() 函数来自动选择最佳模型
model <- auto.arima(x)
# 输出最佳模型的阶数
model$order
```

4.1.4 建模流程

ARIMA 模型建模流程如图 4.2 所示。

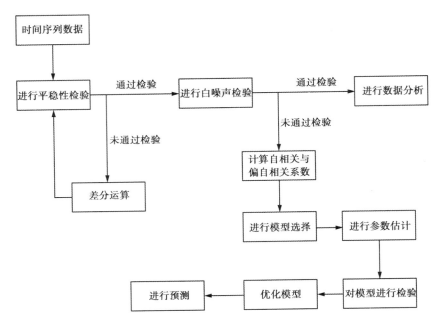

图 4.2 ARIMA 模型建模流程图

4.1.5 注意事项

(1)过差分问题

对于非平稳的时间序列来说,差分是一种有效地提取序列中蕴含的确定性信息的方法,可以有效地消除时间序列中的趋势和季节性特征,使其更适合应用于建模和预测。从理论上来说,足够多次的差分运算可以充分地提取原序列信息中的非平稳确定信息,但是过度的差分会造成有用信息的浪费,因为在对序列进行差分时,每一次差分都会造成序列信息的损失,差分次数越多,信息损失越大。故而在实际运用中差分运算选取的阶数要适当,要避免过差分问题。

为有效避免过差分问题,可以在非平稳序列进行差分后做平稳性检验,如若序列通过检验即不再做差分运算。

(2)差分类型问题

差分有进行 k 阶差分和 k 步差分的分别。

k 阶差分:k 阶差分是指对一个序列进行 k 次连续的一阶差分操作。一阶差分是指当前项与前一项之间的差值,而 k 阶差分则是指连续 k 个项之间的差值。通过 k 阶差分可以更好地理解序列中的趋势和变化。

k 步差分:k 步差分是指对一个序列每隔 k 个位置进行一次一阶差分操作。这种方法可以用来观察序列中周期性的变化或者去除序列中的季节性影响。

无论是 k 阶差分或是 k 步差分都可由 R 语言中的 diff 函数实现,代码如下:

```
difference <- diff(x, lag =   , differences =   )
#其中 x 为变量名称
#lag 为差分步长,不特意指定,系统默认为 1
#differences 为差分次数,不特意指定,系统默认为 1
```

4.1.6 ARIMA 模型应用

以下将使用 R 语言中自带的 BJsales 数据集为实例对其进行 ARIMA 模型的建模,该数据集包含了 1960 年 1 月至 1968 年 12 月,每月的北京粮食零售量。

1)导入数据并画出时序图

```
#时序图:
library(fBasics)
library(aTSA)
library(fUnitRoots)
library(forecast)
library(datasets)
# 加载 BJsales 数据集
data("BJsales")
# 将数据转换为时间序列对象
BJsales <- ts(BJsales, frequency = 12, start = c(1960, 1))
# 绘制时间序列图
plot(BJsales, main = "BJsales", ylab = "Flow")
```

时序图如图 4.3 所示。

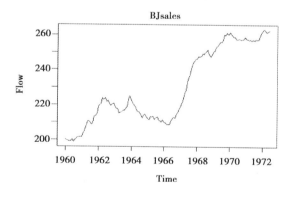

图 4.3 北京粮食零售量

发现数据有较为明显的逐年递增的趋势,可初步判断数据为非平稳的。

2)检验数据平稳性,即单位根检验

```
> # 进行平稳性检验
> adf.test(BJsales)
```

```
Augmented Dickey-Fuller Test
alternative: stationary

Type 1: no drift no trend
          lag        ADF         p.value
[1,]      0          3.52        0.990
[2,]      1          2.45        0.990
[3,]      2          1.94        0.986
[4,]      3          1.71        0.978
[5,]      4          1.42        0.960
Type 2: with drift no trend
          lag        ADF         p.value
[1,]      0          -0.172      0.935
[2,]      1          -0.478      0.880
[3,]      2          -0.664      0.814
[4,]      3          -0.837      0.754
[5,]      4          -1.010      0.693
Type 3: with drift and trend
          lag        ADF         p.value
[1,]      0          -0.986      0.937
[2,]      1          -1.316      0.861
[3,]      2          -1.606      0.739
[4,]      3          -1.789      0.662
[5,]      4          -2.077      0.541
----
Note: in fact, p.value=0.01 means p.value <=0.01
```

单位根检验结果显示,各种模型的 τ 统计量 p 值均大于显著性水平($\alpha = 0.05$),所以可以认为该序列为非平稳的时间序列。

3)做差分运算使得数据通过平稳性检验

```
> #进行差分
> BJsales_diff <- diff(BJsales)
> plot(BJsales_diff)
> #再次进行平稳性检验
> adf.test(BJsales_diff)
Augmented Dickey-Fuller Test
alternative: stationary
```

Type 1：no drift no trend

	lag	ADF	p.value
[1,]	0	−8.25	0.01
[2,]	1	−5.34	0.01
[3,]	2	−4.24	0.01
[4,]	3	−3.38	0.01
[5,]	4	−3.18	0.01

Type 2：with drift no trend

	lag	ADF	p.value
[1,]	0	−8.77	0.01
[2,]	1	−5.76	0.01
[3,]	2	−4.64	0.01
[4,]	3	−3.72	0.01
[5,]	4	−3.50	0.01

Type 3：with drift and trend

	lag	ADF	p.value
[1,]	0	−8.74	0.0100
[2,]	1	−5.74	0.0100
[3,]	2	−4.62	0.0100
[4,]	3	−3.70	0.0262
[5,]	4	−3.48	0.0461

---- Note：in fact, p.value=0.01 means p.value <=0.01

差分后数据的时序图如图 4.4 所示。

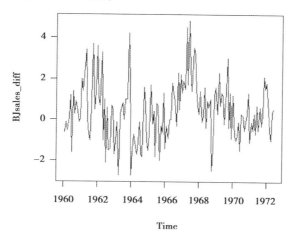

图 4.4　差分后的时序图

观察差分后数据的时序图发现,相较于原数据,此时数据的趋势性明显已经消失,而后对差分后数据再次做平稳性检验,发现各个类型的检验 p 值均小于显著性水平 0.05,则可认为数据在经过一阶差分后已经平稳。

4）进行白噪声检验

```
> # 进行白噪声检验代码 1
> for( k in 1:2) print(
+     Box.test( BJsales_diff,
+               lag = 6 * k,
+               type = "Ljung-Box" ) )
        Box-Ljung test
data：  BJsales_diff
X-squared = 50.69, df = 6, p-value = 3.419e-09
        Box-Ljung test
data：  BJsales_diff
X-squared = 56.045, df = 12, p-value = 1.175e-07
> # 进行白噪声检验代码 2
> Box.test( BJsales_diff, lag = 10, type = "Ljung-Box" )
        Box-Ljung test
data：  BJsales_diff
X-squared = 54.172, df = 10, p-value = 4.507e-08
```

这里介绍两种白噪声检验的代码，根据代码 1 检验结果显示，延迟 6 阶与延迟 12 阶的 LB 统计量的 p 值均远小于显著性水平（$\alpha = 0.05$），所以该序列可以拒绝原假设；根据代码 2 检验结果显示，延迟 10 阶的 LB 统计量的 p 值均远小于显著性水平（$\alpha = 0.05$），所以该序列可以拒绝原假设，认为该序列为非白噪声序列。

5）作 ACF 图与 PACF 图以判断选取的模型

```
# 绘制 ACF 图
acf( BJsales_diff, main = "ACF of BJsales" )
# 绘制 PACF 图
pacf( BJsales_diff, main = "PACF of BJsales" )
```

自相关结果图如图 4.5 所示。

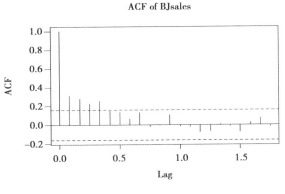

图 4.5　ACF 图

偏自相关结果图如图4.6所示。

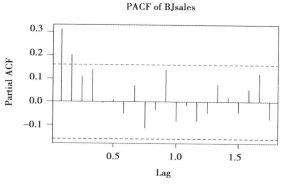

图 4.6　PACF 图

观察 ACF 图与 PACF 图,发现 ACF 图呈现 4 阶截尾,而 PACF 图呈现 2 阶截尾,也可认为 ACF 图呈现拖尾状态,而 PACF 图呈现 2 阶截尾,故而选取 ARIMA(2,1,0)或 ARIMA(2,1,4)模型进行尝试,也可从最低阶开始尝试拟合,这里使用 auto.arima()函数选择阶数。

6)模型拟合

代码与结果如下:

```
> arima_model <- auto.arima(BJsales)
> summary(arima_model)
Series:BJsales
ARIMA(1,1,1)
Coefficients:
        ar1         ma1
        0.8800      -0.6415
s.e.    0.0644      0.1035
sigma^2=1.8:   log likelihood=-254.37
AIC=514.74   AICc=514.9   BIC=523.75
Training set error measures:
ME    RMSE    MAE    MPE    MAPE    MASE    ACF1
Training set 0.1457572 1.328119 1.0447 0.06512899 0.4600935 0.1337991 -0.02622396
> arima_model1<- arima(BJsales, order=c(2, 1, 0))
> arima_model2 <- arima(BJsales, order=c(2, 1, 4))
> summary(arima_model1)
Call:
arima(x=BJsales, order=c(2, 1, 0))
Coefficients:
        ar1         ar2
        0.2799      0.2301
s.e.    0.0793      0.0791
```

sigma^2 estimated as 1.84： log likelihood＝－256.96， aic＝519.92

Training set error measures：

ME   RMSE   MAE   MPE   MAPE   MASE   ACF1

Training set 0.2088395 1.351915 1.0452 0.09086746 0.4603196 0.9002013 －0.05452738

> summary(arima_model2)

Call：

arima(x＝BJsales，order＝c(2，1，4))

Coefficients：

	ar1	ar2	ma1	ma2	ma3	ma4
	0.0496	0.6388	0.1816	－0.4491	0.0215	0.1119
s.e.	0.2252	0.2048	0.2357	0.1904	0.1028	0.1019

sigma^2 estimated as 1.753： log likelihood＝－253.47， aic＝520.94

Training set error measures：

ME   RMSE   MAE   MPE   MAPE   MASE   ACF1

Training set 0.1537749 1.319848 1.039952 0.06833565 0.4584979 0.8956814 －0.01448167

在模型结果中,有以下几个部分：

- Call：调用模型所使用的函数和参数。
- Coefficients：模型的系数估计值。
- s.e.：系数的标准误差,表示系数估计值的精度或可信程度。
- sigma^2：预测误差的方差(也称为噪声方差或残差方差),表示模型预测结果与实际数据之间的差异程度。
- log likelihood：取对数的最大似然函数值。
- aic：赤池信息准则(Akaike Information Criterion)的值,它用于衡量模型的质量和适合度,值越小表示模型越好。

模型结果解释如下：

①arima_model：

模型阶数为 ARIMA(1,1,1),即自回归阶数为 1,差分次数为 1,移动平均阶数为 1。

系数估计值为 ar1＝0.8800,ma1＝－0.6415。

残差方差为 1.8,对数似然函数值为－254.37。

AIC 为 514.74,AICc 为 514.9,BIC 为 523.75。

训练集误差度量包括 ME、RMSE、MAE、MPE、MAPE、MASE 和 ACF1。

②arima_model1：

模型阶数为 ARIMA(2,1,0)。

系数估计值为 ar1＝0.2799,ar2＝0.2301。

残差方差为 1.84,对数似然函数值为－256.96,AIC 为 519.92。

训练集误差度量包括 ME、RMSE、MAE、MPE、MAPE、MASE 和 ACF1。

③arima_model2：

模型阶数为 ARIMA(2,1,4)。

系数估计值包括 ar1、ar2、ma1、ma2、ma3 和 ma4。

残差方差为 1.753,对数似然函数值为−253.47,AIC 为 520.94。

训练集误差度量包括 ME、RMSE、MAE、MPE、MAPE、MASE 和 ACF1。

7)模型检验

这里选取 auto.arima( )函数拟合的模型对序列建模后进行检验,代码与结果如下:

```
> #模型检验
> tsdiag( arima_model)
> #参数显著性检验
> t = abs( arima_model$coef)/sqrt( diag( arima_model$var.coef))
> pt( t,length( BJsales) −length( arima_model$coef),lower.tail = F)
ar1            ma1
2.612273e−28   2.715086e−09
```

模型检验结果如图 4.7 所示。

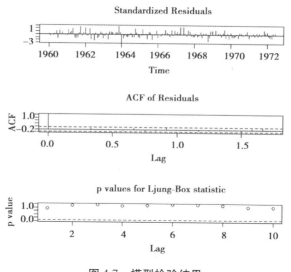

图 4.7 模型检验结果

　而后进行模型显著性检验,由模型残差序列的白噪声检验结果可知,各阶延迟下的白噪声检验统计量的 p 值均大于显著性水平($\alpha=0.05$),可认为这个拟合序列的残差序列为白噪声序列,且残差的 ACF 图显示残差基本没有相关性,即该拟合模型显著成立。而后对模型参数进行显著性检验,得到模型参数自回归系数(ar1)和移动平均系数(ma1)的估计值检验 p 值都小于显著性水平($\alpha=0.05$)的结论,可认为该模型拟合效果很好。

8)作出预测

代码如下:

```
> # 进行未来预测
> library( forecast)
> forecast_values <- forecast( arima_model, h = 10)
```

> # 绘制预测结果
> plot(forecast_values, main = "ARIMA Forecast for BJsales")

预测结果如图 4.8 所示。

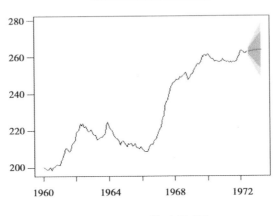

图 4.8　ARIMA 模型预测图

在数据的预测图中,深灰色部分为置信度为 95% 的置信区间,浅灰色部分表示置信度为 80% 的置信区间。

4.2　疏系数模型

4.2.1　疏系数模型介绍

ARIMA(p,d,q) 模型是指 d 阶差分后自相关最高阶数为 p,移动平均最高阶数为 q 的模型,其通常包括 $p+q$ 个独立的未知系数:$\varphi_1,\cdots,\varphi_p,\theta_1,\cdots,\theta_q$。

如果该模型中有部分自相关系数 $\varphi_j(1\leqslant j<p)$ 或部分移动平滑系数 $\theta_k(1\leqslant k<q)$ 为零,即原来的 ARIMA(p,d,q) 模型有部分系数被省略,那么就称其为疏系数模型。

若只缺少部分自相关系数,模型可简记为

$$\text{ARIMA}((p_1,\cdots,p_m),d,q)$$

式中 $p_1,\cdots,p_m$ 为非零自相关系数阶数。

若缺少移动平滑部分系数,模型可简记为

$$\text{ARIMA}(p,d,(q_1,\cdots,q_n))$$

式中 $q_1,\cdots,q_n$ 为非零移动平滑系数阶数。

若自相关系数与移动平滑部分都有缺少可简记为

$$\text{ARIMA}((p_1,\cdots,p_m),d,(q_1,\cdots,q_n))$$

4.2.2　疏系数模型应用

以下将使用 1917—1975 年美国 23 岁妇女每万人生育率数据集为实例对其进行 ARIMA 疏系数模型的建模。

1）导入数据并画出时序图

```
> # 加载必要的包
> library(forecast)
> library(aTSA)
> # 加载数据
> data <- read.csv("E:\\file18.csv",sep=",",header=T)
> ts_data<-ts(data$fertility,start=1917)
> # 绘制时间序列图
> plot(ts_data,main="23岁妇女每万人生育序列",ylab="生育数")
```

时序图结果如图 4.9 所示。

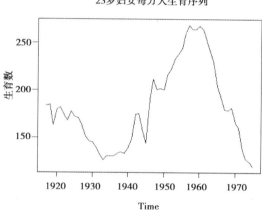

图 4.9　美国 23 岁妇女每万人生育序列图

发现数据有较为明显的趋势,可初步判断数据为非平稳的。

2）检验数据平稳性,即单位根检验

```
> # 进行平稳性检验
> adf_test_result <- adf.test(ts_data)
Augmented Dickey-Fuller Test
alternative:stationary
Type 1:no drift no trend
```

	lag	ADF	p.value
[1,]	0	−0.806	0.388
[2,]	1	−0.758	0.405
[3,]	2	−0.546	0.481
[4,]	3	−0.805	0.388

Type 2:with drift no trend

	lag	ADF	p.value
[1,]	0	−0.546	0.853

	lag	ADF	p.value
[2,]	1	−1.019	0.687
[3,]	2	−0.821	0.756
[4,]	3	−1.046	0.677

Type 3:with drift and trend

	lag	ADF	p.value
[1,]	0	−0.125	0.990
[2,]	1	−0.713	0.964
[3,]	2	−0.157	0.990
[4,]	3	−0.727	0.963

Note:in fact, p.value=0.01 means p.value <=0.01

单位根检验结果显示,所有模型的 τ 统计量 p 值均大于显著性水平($\alpha=0.05$),所以可以认为该序列为非平稳的时间序列。

3)做差分运算使得数据通过平稳性检验

```
> # 进行差分
> ts_data_diff <- diff(ts_data)
> # 进行平稳性检验
> adf_test_result <- adf.test(ts_data_diff)
```

Augmented Dickey−Fuller Test

alternative:stationary

Type 1:no drift no trend

	lag	ADF	p.value
[1,]	0	−5.54	0.0100
[2,]	1	−5.13	0.0100
[3,]	2	−3.37	0.0100
[4,]	3	−2.03	0.0436

Type 2:with drift no trend

	lag	ADF	p.value
[1,]	0	−5.53	0.0100
[2,]	1	−5.10	0.0100
[3,]	2	−3.39	0.0178
[4,]	3	−2.05	0.3106

Type 3:with drift and trend

	lag	ADF	p.value
[1,]	0	−5.59	0.0100
[2,]	1	−5.33	0.0100
[3,]	2	−3.47	0.0533
[4,]	3	−2.21	0.4811

————

Note：in fact，p.value＝0.01 means p.value ＜＝0.01

差分后数据的时序图如图 4.10 所示。

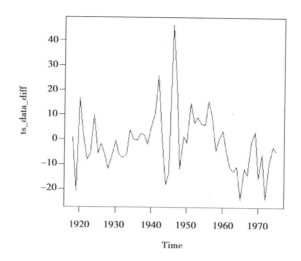

图 4.10 差分后数据的时序图

观察差分后数据的时序图发现相较于原数据，此时数据的趋势性明显已经消失，而后对差分后数据再次做平稳性检验，发现各个类型的检验 p 值均小于显著性水平 0.05，则可认为数据在经过一阶差分后已经平稳。

4）进行白噪声检验

```
> # 进行白噪声检验
> box_test_result <- Box.test(ts_data_diff, lag＝10, type＝"Ljung-Box")
> print(box_test_result)
Box-Ljung test
data： ts_data_diff
X-squared＝22.271, df＝10, p-value＝0.01378
```

根据代码检验结果显示，延迟 10 阶的 LB 统计量的 p 值均远小于显著性水平（$\alpha＝0.05$），所以该序列可以拒绝原假设，认为该序列为非白噪声序列。

5）作 ACF 图与 PACF 图以判断选取的模型

```
> # 绘制 ACF 图
> acf(ts_data_diff, main＝"ACF of 23 岁妇女每万人生育序列")
> # 绘制 PACF 图
> pacf(ts_data_diff, main＝"PACF of 23 岁妇女每万人生育序列")
```

自相关结果图如图 4.11 所示。

偏自相关结果图如图 4.12 所示。

观察 ACF 图与 PACF 图，发现 ACF 图和 PACF 图都呈现截尾特性，可从低阶 ARIMA 模型进行尝试,但这里使用疏系数模型进行拟合。

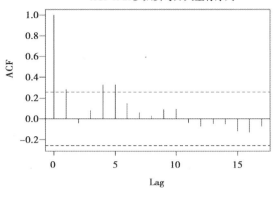

图 4.11　ACF 图

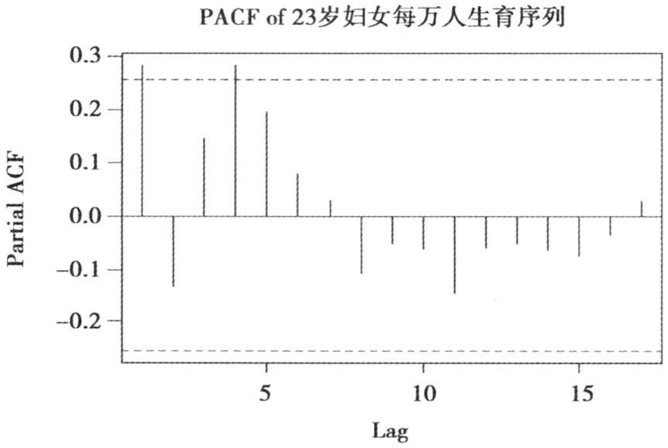

图 4.12　PACF 图

6)模型拟合

代码与结果如下:

```
> #拟合疏系数模型 ARIMA((1,4),1,0)
> arima_model<-arima(ts_data,order=c(4,1,0),transform.pars=F,fixed=c(NA,0,0,
NA))#疏系数模型拟合时需选择 transform.pars=F 后手动指定非零参数 NA 为指定非
零参数的位置,这里因为偏自相关图一阶及四阶为截尾状态且明显大于两倍标准差
故而指定一阶及四阶参数非零其余参数为 0
> arima_model
Call:
arima(x=ts_data, order=c(4, 1, 0), transform.pars=F, fixed=c(NA, 0,
0, NA))
Coefficients:
         ar1        ar2        ar3        ar4
      0.2583         0          0       0.3408
s.e.  0.1159         0          0       0.1225
```

sigma^2 estimated as 118.2; log likelihood = −221, aic = 448.01

在模型结果中,有以下几个部分:

- Call:调用模型所使用的函数和参数。
- Coefficients:模型的系数估计值。
- s.e.:系数的标准误差,表示系数估计值的精度或可信程度。
- sigma^2:预测误差的方差(也称为噪声方差或残差方差),表示模型预测结果与实际数据之间的差异程度。
- log likelihood:取对数的最大似然函数值。
- aic:赤池信息准则(Akaike Information Criterion)的值,它用于衡量模型的质量和适合度,值越小表示模型越好。

模型结果解释如下所述。

arima_model:

- 模型阶数为 ARIMA(1,1,1),即自回归阶数为1,差分次数为1,移动平均阶数为1。
- 系数估计值为 ar1 = 0.2583,ar2 = 0,ar3 = 0,ar4 = 0.3408。
- 残差方差为118.2,对数似然函数值为−221。

7)模型检验

代码与结果如下:

```
> #模型检验
> tsdiag(arima_model)
```

模型检验结果如图 4.13 所示。

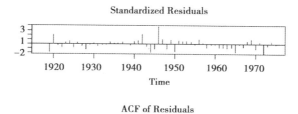

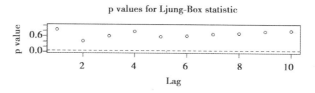

图 4.13 模型检验结果

而后进行模型显著性检验,从模型残差序列的白噪声检验结果可知,各阶延迟下的白噪声检验统计量的 p 值均大于显著性水平($\alpha = 0.05$),故可认为这个拟合序列的残差序列为白噪声序列,且残差的 ACF 图显示残差基本没有相关性,即该拟合模型显著成立,可认为该模型拟合效果很好。

8)作出预测

代码如下:

```
> # 进行未来预测
> forecast_values <- forecast::forecast(arima_model, h=10)
> plot(forecast_values, main="ARIMA Forecast")
```

预测结果如图 4.14 所示。

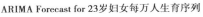

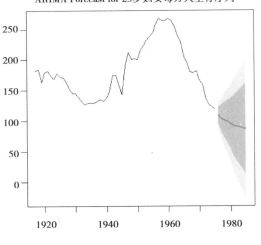

图 4.14　ARIMA 模型预测图

数据的预测图如上,其中深灰色部分表示置信度为 95% 的置信区间,浅灰色部分表示置信度为 80% 的置信区间。

4.3　季节性 SARIMA 模型

4.3.1　简单季节模型介绍

简单季节模型使用加法模型,将时间序列分解成趋势、季节性和残差 3 个部分。其中,趋势表示长期的变化趋势,季节性表示周期性的波动,残差表示无法被趋势和季节性解释的随机因素部分。

简单季节模型的形式可以表示为

$$Y_t = T_t + S_t + \varepsilon_t \tag{4.4}$$

其中,Y_t 表示时间序列在时间点 t 的观测值,T_t 表示 t 时刻的趋势,S_t 表示 t 时刻的季节性,ε_t 表示误差项。

这时各种效应信息的提取就变得非常容易了。通过简单的周期步长差分就可将序列中的季节信息充分提取,通过简单的低阶差分就可将趋势信息提取充分,提取完季节信息与趋势信息后的残差序列就是一个平稳模型,这时就可以运用 ARIMA 模型对其进行拟合。

因此,简单季节模型实际可将时间序列中的趋势信息、季节信息通过差分运算转变为一个平稳序列,再对平稳序列进行拟合。

4.3.2　乘积季节模型介绍

乘积季节模型使用乘法模型,将时间序列分解成趋势、季节性和残差 3 个部分,类似于简单季节模型。不同之处在于,乘积季节模型同时考虑了趋势和季节性的相互作用。

这时,通常假定短期的相关性和季节效应之间具有乘积关系,尝试使用乘积模型来拟合序列的发展。

乘积模型的构造原理如下。

①当序列具有短期相关性时,通常可以使用低阶 $\mathrm{ARMA}(p,q)$ 模型提取。

②当序列具有季节效应,季节效应本身具有相关性时,季节相关性可以使用以周长步长为单位的 $\mathrm{ARMA}(P,Q)$ 模型提取。

③由于短期相关性和季节效应之间具有乘积关系,所以拟合模型实质为 $\mathrm{ARMA}(p,q)$ 和 $\mathrm{ARMA}(P,Q)$ 的乘积。综合前面的 d 阶趋势差分和 D 阶以周期 s 为步长的季节差分运算,对原观察值序列拟合的乘积模型完整的结构如下:

$$\nabla^d \nabla_s^D x_t = \frac{\Theta(B)\Theta_s(B)}{\Phi(B)\Phi_s(B)}\varepsilon_t \tag{4.5}$$

式中,

$$\Theta(B) = 1 - \theta_1 B - \cdots - \theta_q B^q \tag{4.6}$$

$$\Phi(B) = 1 - \Phi_1 B - \cdots - \Phi_p B^p \tag{4.7}$$

$$\Theta_s(B) = 1 - \theta_1 B^S - \cdots - \theta_Q B^{QS} \tag{4.8}$$

$$\Phi_s(B) = 1 - \Phi_1 B^S - \cdots - \Phi_p B^{PS} \tag{4.9}$$

该乘积模型简记为 $\mathrm{ARIMA}(p,d,q)\times(P,D,Q)_s$。

4.3.3　乘积模型应用

以 1949—1960 年某国际航空公司乘客数据为例。为了使用 SARIMA 模型对该数据集进行分析,需要对时间序列数据进行处理和预处理。具体步骤如下所述。

1)加载数据集并转换为时间序列对象可视化时间序列数据

可使用以下代码将 AirPassengers 数据集转换为时间序列对象,并设置时间序列的起始日期和频率:

```
# 加载 AirPassengers 数据集
data("AirPassengers")
# 将数据转换为时间序列对象
passengers_ts <- ts(AirPassengers, start = c(1949, 1), frequency = 12)
# 查看时间序列对象
head(passengers_ts)
# 绘制时间序列图
plot(passengers_ts, main = "Monthly International Airline Passengers", ylab = "Number of passengers", xlab = "Year")
```

这将绘制出一张时间序列图(图4.15),可以看出该数据集呈现逐年增长和季节性波动的趋势。

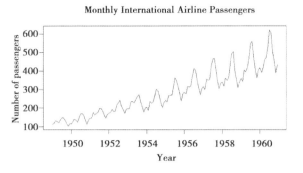

图4.15　1949—1960年某国际航空公司乘客数据时序图

绘制的时间序列图显示了乘客数量随时间的变化趋势。我们可以观察到数据呈现出逐年增长和季节性波动的趋势,这是SARIMA模型建模的基础。

2)确定模型阶数

接下来,需要确定SARIMA模型的阶数参数,包括季节性和非季节性的组成部分。我们可以使用自相关函数(ACF)和偏自相关函数(PACF)图来选择合适的模型。

```
# 绘制自相关函数和偏自相关函数图
acf( passengers_ts)
pacf( passengers_ts)
```

这将绘制出自相关函数和偏自相关函数的图表,以帮助使用者确定适当的阶数,如图4.16和图4.17所示。

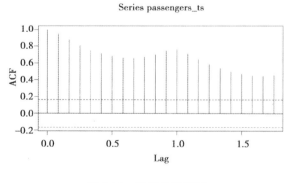

图4.16　自相关函数图

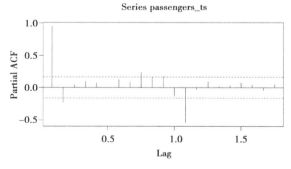

图4.17　偏自相关函数图

通过自相关函数(ACF)和偏自相关函数(PACF)图,我们确定了SARIMA模型的阶数参数。观察到季节性项在12个月时显著,并且自相关函数和偏自相关函数都呈现出指数衰减的趋势,这提示我们选择了SARIMA模型来对数据进行建模。

3)拟合SARIMA模型

可使用以下代码拟合SARIMA模型:

```
# 拟合 SARIMA 模型
```

```
library(forecast)
sarima_model <- auto.arima(passengers_ts, seasonal=TRUE, trace=TRUE)
```

这将自动选择最优的 SARIMA 模型,并输出模型的参数和拟合结果。

ARIMA(2,1,2)(1,1,1)[12]	:Inf
ARIMA(0,1,0)(0,1,0)[12]	:1031.539
ARIMA(1,1,0)(1,1,0)[12]	:1020.582
ARIMA(0,1,1)(0,1,1)[12]	:1021.192
ARIMA(1,1,0)(0,1,0)[12]	:1020.488
ARIMA(1,1,0)(0,1,1)[12]	:1021.103
ARIMA(1,1,0)(1,1,1)[12]	:Inf
ARIMA(2,1,0)(0,1,0)[12]	:1022.583
ARIMA(1,1,1)(0,1,0)[12]	:1022.583
ARIMA(0,1,1)(0,1,0)[12]	:1020.733
ARIMA(2,1,1)(0,1,0)[12]	:1018.165
ARIMA(2,1,1)(1,1,0)[12]	:1018.395
ARIMA(2,1,1)(0,1,1)[12]	:1018.84
ARIMA(2,1,1)(1,1,1)[12]	:Inf
ARIMA(3,1,1)(0,1,0)[12]	:1019.565
ARIMA(2,1,2)(0,1,0)[12]	:1019.771
ARIMA(1,1,2)(0,1,0)[12]	:1024.478
ARIMA(3,1,0)(0,1,0)[12]	:1023.984
ARIMA(3,1,2)(0,1,0)[12]	:Inf
Best model:ARIMA(2,1,1)(0,1,0)[12]	

使用 auto.arima()函数自动选择最优的 SARIMA 模型,并输出了模型的参数和拟合结果。这表明成功地拟合了一个适合数据的 SARIMA 模型。

4)模型诊断

我们需要进行模型诊断,以确保模型的残差符合我们的假设。诊断代码如下:

```
> # 进行模型诊断
> checkresiduals(sarima_model)
Ljung-Box test
data:  Residuals from ARIMA(2,1,1)(0,1,0)[12]
Q* =37.784, df=21, p-value=0.01366
Model df:3.  Total lags used:24
```

诊断结果如图 4.18 所示。

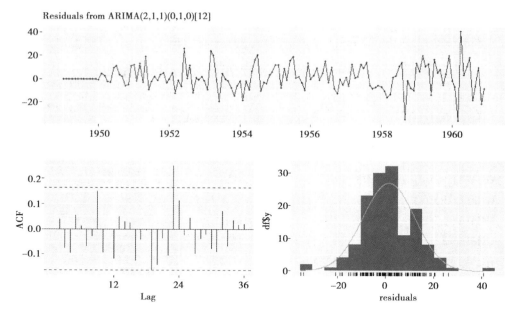

图 4.18　模型诊断结果

绘制残差图的代码如下：

```
# 绘制残差图
tsdisplay（ residuals（ sarima_model）, lag.max = 45, main = " Residuals from SARIMA
Model"）
```

这将输出匹配得到的最佳模型 ARIMA（2,1,1）（0,1,0）[12] 的模型诊断结果,并绘制出残差图和其他图表（图 4.19）。在这个实例中,我们可以看到残差图呈现出随机性和独立性,符合我们的假设。

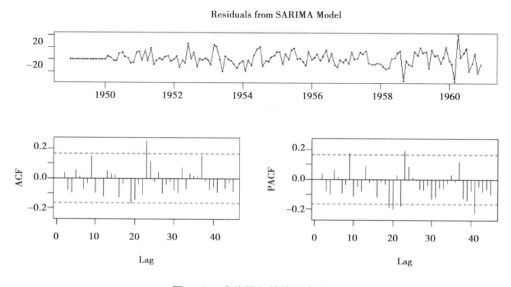

图 4.19　残差图和其他图表结果

通过进行模型诊断,检查了残差是否符合假设。残差的随机性和独立性表明此时选择的 SARIMA 模型适合对数据进行建模和预测。

5)使用模型进行预测

最后,可使用拟合好的 SARIMA 模型进行预测。我们可使用以下代码对未来 24 个月的数据进行预测:

```
# 进行预测
sarima_pred <- forecast(sarima_model, h = 24)
# 绘制预测结果
plot(sarima_pred, main = "Forecasted International Airline Passengers")
```

输出预测结果,并绘制出预测值和置信区间的图表,如图 4.20 所示。

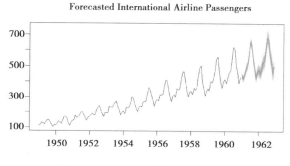

图 4.20　SARIMA 模型预测结果图

综合以上分析,可以得出结论:

SARIMA 模型适用于对 AirPassengers 数据集进行建模和预测,并且模型的诊断结果符合假设。

预测结果提供了未来 24 个月乘客数量的趋势,可用于未来规划和决策制定。

4.4　ARIMAX 模型

4.4.1　ARIMAX 模型介绍

ARIMAX 模型是 ARIMA 模型的一种扩展,它允许在时间序列模型中引入外部变量的影响。ARIMAX 模型的全称为 Autoregressive Integrated Moving Average with Exogenous Variables,即具有外生变量的自回归积分滑动平均模型。ARIMAX 模型的核心思想是通过引入外生变量,来增加对时间序列的解释能力。外生变量可以是任何与时间序列相关的因素,如经济指标、天气数据等。这些外生变量的系数可以衡量它们对时间序列的影响程度。

在拟合 ARIMAX 模型时,需要根据时间序列的特征和外生变量的相关性选择合适的模型阶数。常用的方法包括自相关函数(ACF)和偏自相关函数(PACF)的分析,以及信息准则(如 AIC、BIC)的比较。同时,为了确保模型的拟合效果,还需要对残差进行检验,以验证模型是否能够很好地捕捉到时间序列的特征。

ARIMAX 模型在实际生活中具有广泛的应用,可用于时间序列预测、趋势分析、经济预测等领域。通过引入外生变量,ARIMAX 模型能够更准确地描述时间序列的动态变化,提高模型的预测精度和解释能力。

ARIMAX 模型的形式可以表示为

$$Y_t = \beta_0 + \beta_1 X_{1t} + \beta_2 X_{2t} + \cdots + \beta_n X_{nt} + \varphi_1 Y_{t-1} + \varphi_2 Y_{t-2} + \cdots +$$
$$\varphi_p Y_{t-p} + \theta_1 \varepsilon_{t-1} + \theta_2 \varepsilon_{t-2} + \cdots + \theta_q \varepsilon_{t-q} + \varepsilon_t$$

$$(4.10)$$

其中,Y_t 表示时间序列在时间点 t 的观测值,$X_{1t}, X_{2t}, \cdots, X_{nt}$ 表示外生变量在时间点 t 的观测值;$\beta_0, \beta_1, \beta_2, \cdots, \beta_n$ 表示外生变量的系数;$\varphi_1, \varphi_2, \cdots, \varphi_p$ 表示 AR 部分的系数;$\theta_1, \theta_2, \cdots,$ θ_q 表示 MA 部分的系数;ε_t 表示误差项。

4.4.2 ARIMAX 模型应用

以加拿大宏观经济数据为例。为了使用 ARIMAX 模型对该数据集进行分析,需要对时间序列数据进行预处理。具体步骤如下:

1)加载数据集并转换为时间序列对象

```
#加载相关包
library(vars)
library(forecast)
#选择 1980—1998 年的数据,并为观测变量赋予有意义的名称
start_year <- 1980
end_year <- 1998
data_selected <- window(Canada, start=c(start_year, 1), end=c(end_year, 4))
colnames(data_selected) <- c("e", "u", "rw", "prod")
```

在这里,我们使用 window() 函数从原始数据集 Canada 中选择了 1980—1998 年的数据,并将其存储在 data_selected 中。此外,我们还为 4 个观测变量分别赋予了有意义的名称。

2)拆分训练集和测试集

```
train_data <- window(data_selected, end=c(1995, 4))
test_data <- window(data_selected, start=c(1996, 1))
# 将 train_data 转换为数据框
train_data_df <- as.data.frame(train_data)
# 将 test_data 转换为数据框
test_data_df <- as.data.frame(test_data)
# 提取列并转换为时间序列对象
# 将训练集转换为 ts 对象
train_e_ts <- ts(train_data_df$e, start=c(start_year, 1), frequency=4)
train_u_ts <- ts(train_data_df$u, start=c(start_year, 1), frequency=4)
train_rw_ts <- ts(train_data_df$rw, start=c(start_year, 1), frequency=4)
train_prod_ts <- ts(train_data_df$prod, start=c(start_year, 1), frequency=4)
# 将测试集转换为 ts 对象
```

```
test_e_ts <- ts(test_data_df$e, start=c(1996, 1), frequency=4)
test_u_ts <- ts(test_data_df$u, start=c(1996, 1), frequency=4)
test_rw_ts <- ts(test_data_df$rw, start=c(1996, 1), frequency=4)
test_prod_ts <- ts(test_data_df$prod, start=c(1996, 1), frequency=4)
```

在这里,我们将 1980—1995 年底的数据作为训练集,1996—1998 年底的数据作为测试集。这样可以用训练集训练 ARIMAX 模型,然后用测试集来评估模型的性能。

3)确定模型阶数

代码如下:

```
> # 构建 ARIMAX 模型并自动确定阶数
> model <- auto.arima(train_e_ts, xreg=cbind(train_u_ts, train_rw_ts, train_prod_ts))
> model
Series: train_e_ts
Regression with ARIMA(0,0,2)(1,0,0)[4] errors
Coefficients:
       ma1     ma2     sar1    intercept  train_u_ts  train_rw_ts  train_prod_ts
    0.7815  0.2928  0.4034    767.4694      0.1212       0.3225        -1.6184
s.e.  0.1308  0.1227  0.1627   21.7801      0.0582       0.0106         0.1114
sigma^2=0.1735:   log likelihood=-31.79
AIC=79.58    AICc=82.2    BIC=96.85
```

此时选择的是 ARIMA(0,0,2)(1,0,0)[4]模型。

4)评价模型

代码如下:

```
> # 计算预测误差
> accuracy(forecast_values, test_e_ts)
ME          RMSE      MAE       MPE          MAPE        MASE       ACF1 Theil's U
Training set −0.007372828 0.3930658 0.3018826 −0.0008493884 0.03210208 0.1374833
0.07089023   NA
Test set    0.587156835 0.9476079 0.7372040   0.0614422776 0.07722235 0.3357372
0.66950538   1.518927
```

根据预测误差指标,可以对模型的性能进行初步评估。

Training set(训练集):

• RMSE(均方根误差)为 0.393,表示模型的预测误差平均约为 0.393。

• MAE(平均绝对误差)为 0.302,表示模型的平均绝对误差约为 0.302。

• MPE(平均百分比误差)为−0.00085,表示模型的平均百分比误差约为−0.085%。

• MAPE(平均绝对百分比误差)为 0.0321,表示模型的平均绝对百分比误差约为 3.21%。

• MASE(均方误差相对于简单方法的比率)为 0.137,表示模型相对于简单方法的预测效果较好。

- ACF1(自相关系数)为 0.071,表示模型残差的自相关性较低。

Test set(测试集):

- RMSE 为 0.948,表示模型在测试集上的预测误差平均约为 0.948。
- MAE 为 0.737,表示模型在测试集上的平均绝对误差约为 0.737。
- MPE 为 0.0614,表示模型在测试集上的平均百分比误差约为 6.14%。
- MAPE 为 0.0772,表示模型在测试集上的平均绝对百分比误差约为 7.72%。
- MASE 为 0.336,表示模型相对于简单方法在测试集上的预测效果。
- ACF1 为 0.670,表示模型在测试集上的残差存在较强的自相关性。
- Theil's U 为 1.519,Theil's U 统计量用于度量预测值和实际值之间的不一致程度,值越接近 1 表示预测效果越好。

综合来看,模型表现良好。

5)使用模型进行预测

```
# 进行预测
forecast_values <- forecast(model, xreg=cbind(test_u_ts, test_rw_ts, test_prod_ts))
# 画出预测图
plot(forecast_values)
```

预测结果如图 4.21 所示。

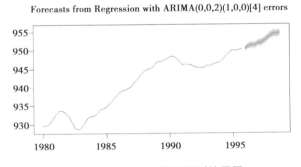

图 4.21　ARIMAX 模型预测结果图

4.5　课后习题

1.什么是 ARIMA 模型?请简要描述 ARIMA 模型的基本原理和组成。

2.如果一个时间序列数据集具有明显的季节性和趋势性,你会如何选择 ARIMA 模型的参数 p、d 和 q?

3.通过给定一个时间序列数据集如中国历年的 GDP,使用 ARIMA 模型进行预测,并解释你的预测结果。

4.乘积季节 ARIMA 模型相对于传统 ARIMA 模型有哪些优势?请举例说明。

5.对于一个具有季节性的时间数据集如 R 软件 forecast 包中的 gas 数据,使用乘积季节 ARIMA 模型进行预测,并比较其与传统 ARIMA 模型的表现差异。

6.什么是 ARIMAX 模型？它与传统 ARIMA 模型有何不同？请举例说明。

7.当引入外部因素(exogenous variables)时,如何构建一个 ARIMAX 模型？请详细描述这个过程。

8.使用一个包含外部因素的数据集,比较 ARIMA 模型和 ARIMAX 模型的预测能力。

第5章
GARCH模型 ⊚

5.1　GARCH **模型的定义及其性质**

5.1.1　**GARCH** 模型的定义

　　GARCH(Generalized Autoregressive Conditional Heteroskedasticity)模型是一种常用于预测金融时间序列波动性的统计模型,它是由 Bollerslev(1986)在 ARCH(Autoregressive Conditional Heteroskedasticity)模型的基础上提出的广义 ARCH(Generalized ARCH)模型,是应用最广泛的推广模型。GARCH 模型也是至今最常用、最可行的异方差序列拟合模型。GARCH 模型的参数估计结果可以提供有关波动性行为的重要见解,对金融风险管理、资产定价、波动率预测等实际应用具有重要意义。

　　定义 5.1　设 $\{\varepsilon_t\}$ 是均值为 0,方差为 1 的独立同分布序列。称

$$X_t = \sigma_t \varepsilon_t, \sigma_t^2 = a_0 + \sum_{i=1}^{p} \alpha_i \varepsilon_{t-i}^2 + \sum_{j=1}^{q} \beta_j \sigma_{t-j}^2 \tag{5.1}$$

为具有阶数 $p(\geqslant 1)$ 和 $q(\geqslant 0)$ 的广义自回归条件异方差模型。其中 σ_t^2 是在时间 t 的条件方差,a_0 是方差方程的常数项,表示 ARCH 效应的基准水平,α_i 和 β_j 是模型的参数,分别代表了 GARCH 效应和 ARCH 效应的系数,ε_{t-i}^2 是 $t-i$ 期的残差的平方,σ_{t-j}^2 是 $t-j$ 期的条件方差。称满足式(5.1)的时间序列 $\{X_t\}$ 为阶数为 p 和 q 的广义自回归条件异方差序列,并记为 GARCH(p,q)。在这个模型中,p 是 ARCH 效应的阶数,q 是 GARCH 效应的阶数,通过调整这两个参数的值,可以更好地拟合不同时间序列数据的波动率特征。

5.1.2　**GARCH** 模型的性质

　　性质 1　条件异方差性:GARCH 模型的核心思想是假设时间序列数据具有条件异方差性,即波动性在时间上是变化的,并且当前时刻的波动性受到过去波动性的影响。

　　性质 2　自回归特性:GARCH 模型中的异方差项和过去的观测值相关。模型使用过去的观测值来预测当前时刻的条件方差。

　　性质 3　模型参数:GARCH 模型包括两个部分的参数,ARCH 部分和 GARCH 部分。ARCH 部分用于捕捉过去的波动性对当前波动性的影响,GARCH 部分用于捕捉过去波动性的波动对当前波动性的影响。

　　性质 4　长期波动性和短期波动性:GARCH 模型可以估计长期波动性和短期波动性。长期波动性表示时间序列数据整体的波动性水平,而短期波动性表示在短期内的波动性水平。

　　性质 5　模型适用性:GARCH 模型在金融领域应用广泛,特别是对于股票价格、汇率和

其他金融资产的波动性建模和风险管理。它能够捕捉到金融市场中的波动性聚集现象,即波动性的持续性和聚集性。

5.2　GARCH 模型的估计方法

下面主要介绍 GARCH 模型参数估计方法——极大似然估计。在实际应用中,使用最多的就是极大似然估计方法。

在 R 语言中,使用 rugarch 包中的 ugarchfit 函数可以拟合 GARCH 模型,并得到 GARCH 模型的各参数。其中,拟合出的 GARCH 模型通常包括如下参数:

均值方程常数项 mu,表示时间序列在长期期望下的均值水平。常数项 omega,表示方差模型的截距项。GARCH 效应系数 alpha,表示过去的方差波动对当前方差的影响程度,取值范围为 0~1。ARCH 效应系数 beta,表示过去的误差对当前方差的影响程度,取值范围为 0~1。

下面是一个在 R 语言中拟合 GARCH(1,1) 模型的例子:

对平安银行 2021 年 1 月 4 日到 2023 年 12 月 29 日收盘价拟合 GARCH 模型,数据已进行预处理。

```
library(rugarch)
library(readxl)
#读取数据
data1 <- read_excel("E:\\GARCH 模型\\平安银行处理后的数据.xlsx")
#设置时间序列对象,参数 start 指定了时间序列的起始日期为 2021 年 1 月 4 日
ts_data <- ts(data1$收盘价_Clpr, start=c(2021, 1, 4))
#使用 diff 和 log 函数对时间序列数据进行对数化和差分操作,得到对数收益率序列,
将其存储在 log_returns 中
log_returns <- diff(log(ts_data))
#使用 ugarchspec 函数创建一个 GARCH 模型的规范(specification)。在这个规范中,
variance.model 参数设置为 sGARCH(1, 1),mean.model 参数设置为 ARMA(0, 0),
distribution.model 参数设置为 std,表示使用标准正态分布
spec_garch <- ugarchspec(variance.model=list(model="sGARCH", garchOrder=c(1,
1)),
            mean.model=list(armaOrder=c(0, 0)),
            distribution.model="std")
#使用 ugarchfit 函数拟合 GARCH 模型。该函数使用最大似然方法估计模型的参数,
并将拟合结果存储在 fit_garch 中
fit_garch <- ugarchfit(spec=spec_garch, data=log_returns)
#print(fit_garch)
```

结果如下:

Optimal Parameters

	Estimate	Std. Error	t value	Pr(>|t|)
mu	−0.002234	0.000577	−3.87283	0.000108
omega	0.000003	0.000011	0.30621	0.759446
alpha1	0.047411	0.041365	1.14616	0.251730
beta1	0.947057	0.0452162	0.94507	0.000000
shape	4.203197	0.2729501	5.39916	0.000000

根据运行结果,我们可以知道参数估计结果,mu:−0.002234;omega:0.000003;alpha1:0.047411;beta1:0.947057;shape:4.203197。以及各参数标准误差、t 值、p 值、加权 Ljung-Box 检验、加权 ARCH LM 检验、Nyblom 稳定性检验的结果、渐近临界值(10%、5%、1%)等。

5.3 GARCH 模型的检验

下面对平安银行收盘价数据进行检验,并分析结果。

5.3.1 参数显著性检验

该检验通过考查参数与 0 是否存在显著性差异,判断这些参数实际意义是否存在。

参数 mu 的 t 检验的 p 值<0.001,小于显著性水平 0.05,故显著;参数 omega 的 t 检验的 p 值=0.954384,大于显著性水平 0.05,故不显著;参数 alpha1 的 t 检验的 p 值=0.839715,大于显著性水平 0.05,故不显著;参数 beta1 的 t 检验的 p 值<0.001,小于显著性水平 0.05,故显著;参数 shape 的 t 检验的 p 值=0.315831,大于显著性水平 0.05,故不显著。

5.3.2 ARCH-LM 拉格朗日乘子检验

一般地,当 LM 检验存在 p 值小于显著性水平 0.05 时,认为该序列方差非齐,存在 ARCH 效应,可以建立 GARCH 模型。

若是存在短期自相关,可建立 ARCH(q),具体 q 可根据输出结果来确定,若是某个 ARCH(q)使得结果系数更显著,或使得 AIC 值更小,则可选择该模型。

若是存在长期自相关,一般建立 GARCH(1,1)足矣,因为 GARCH 模型的实质是在 ARCH 上增加了异方差函数 q 阶自相关而形成,即相当于 ARCH(q)的 q 是无限值。此处的分析选取了沪深 300 指数 2000 年 1 月到 2019 年 12 月的工作日收盘价格数据。

```
> # ARCH 效应检验(原假设是没有 ARCH 效应)
> print( paste0( 'm = 10' ) )
[ 1 ] "m = 10"
> archTest( mean_md_1$res, lag = 10 )
Q( m ) of squared series( LM test ):
Test statistic:   735.7981   p-value:   0
Rank-based Test:
Test statistic:   352.0784   p-value:   0
```

```
> print(paste0('m=20'))
[1] "m=20"
> archTest(mean_md_1$res, lag=20)
Q(m) of squared series(LM test):
Test statistic: 1158.426   p-value: 0
Rank-based Test:
Test statistic: 617.5245   p-value: 0
```

检验结果显示,滞后 10 阶和滞后 20 阶的残差序列存在自相关,因此拒绝原假设,残差序列存在 ARCH 效应。

5.3.3 Ljung-Box 检验

原假设为残差序列无自相关性,备择假设为残差序列有自相关性。

Lag[1]统计量为 0.04588,p 值为 0.8304,p 值大于显著性水平 0.05,说明在一阶滞后阶数上不存在显著的自相关性。Lag[2 * (p+q)+(p+q)-1][5]统计量为 0.26065,p 值为 0.9876,p 值大于显著性水平 0.05,说明在二阶滞后阶数上不存在显著的自相关性。Lag[4 * (p+q)+(p+q)-1][9]统计量为 0.62785,p 值为 0.9968,p 值大于显著性水平 0.05,说明在四阶滞后阶数上不存在显著的自相关性。

5.4 GARCH 模型的应用

(1)数据来源及研究对象

对沪深 300 指数(股票代码为 000300)进行研究,分析其波动情况。数据来源为网易财经。

(2)数据收集

爬取网易财经的数据,此处选取了沪深 300 指数 2020 年 1 月 1 日至 2023 年 12 月 31 日的工作日收盘价数据,并检查是否存在缺失值。

```
library(knitr)
library(pedquant)
library(zoo)
library(imputeTS)
library(tseries)
library(forecast)
library(MTS)
library(rugarch)
library(dplyr)

# 爬取网易财经的数据
```

```
datt <- md_stock( symbol ='000300.ss',
              from ="2013-01-01",
              to ="2023-12-31", source ="163")
# 保存数据
write.csv( datt, "E:\\GARCH 模型\\hs300.csv")

raw_data <- read.csv( "E:\\GARCH 模型\\hs300.csv", header =TRUE)
# 转成时间序列
my_date <- as.Date( raw_data$X000300.ss.date)
my_data <- raw_data$X000300.ss.close
data.ts <- zoo( my_data, my_date)

# 查看是否存在缺失值
sum( is.na( my_data))
```

（3）对数化和差分处理

```
# 转成时间序列(不包括日期)和对数差分化处理
r.data <- diff( log( ts( my_data))) * 100
```

（4）绘制时序图

```
# 画出时序图
par( mfrow =c( 2, 1))
plot( data.ts, xlab ='Year', ylab ='Close.Price',
      main ='Close of CSI300')
plot( r.data, ylab ='Log.Return',
      main ='Log.Return of CSI300')
```

得到收盘价时序图和对数收益率时序图如图 5.1 所示。

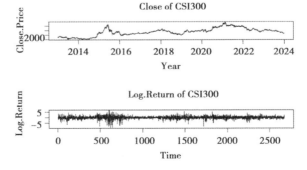

图 5.1　收盘价和对数收益率时序图

（5）平稳性检验

此处使用了 adf.test( ) 进行单位根检验：

```
show( adf.test( r.data) )
```

检验结果如下所示:

```
    Augmented Dickey-Fuller Test
data: r.data
Dickey-Fuller = -14.034, Lag order = 13, p-value = 0.01
alternative hypothesis: stationary
```

p 值远小于 0.01 说明拒绝原假设,即该序列平稳。

(6)建立均值模型

序列平稳后,使用 auto.arima( ) 对序列自动识别均值模型:

```
# 拟合 arma 均值模型
md1 <- auto.arima( r.data)
md1
Sys.setlocale( "LC_ALL", "en_US.UTF-8")
# 系数显著性检验
t <- md1$coef / sqrt( diag( md1$var.coef))
p_1 <- 2 * ( 1 - pnorm( abs( t)))
kable( rbind( p=p_1), caption = "Result of Coef. Test")
```

结果如下:

```
Series: r.data
ARIMA( 3,0,2) with zero mean

Coefficients:
        ar1      ar2      ar3       ma1      ma2
      0.1937  -0.9583  0.0593   -0.1608   0.9201
s.e.  0.0393   0.0156  0.0212    0.0347   0.0211
sigma^2 = 1.91:   log likelihood = -4651.74
AIC = 9315.48   AICc = 9315.51   BIC = 9350.82

Result of Coef. Test
        ar1      ar2      ar3       ma1      ma2
p     8e-07      0      0.0051488  3.6e-06   0
```

识别出来的模型为 ARMA(3, 2)。经过模型识别后,对模型 ARMA(3,2)进行参数显著性检验。检验结果发现参数均显著。

(7)ARCH 效应检验

建立模型后,对残差进行 ARCH 效应检验。Ljung-Box 统计量 Q(m)对残差序列进行自相关检验。原假设是序列不存在自相关,在残差的平方序列中可以检验条件异方差。

使用 MTS 包中的 archTest( )进行检验。

```
> print(paste0('m = 10'))
[1] "m = 10"
> archTest(md1$res, lag = 10)
Q(m) of squared series(LM test):
Test statistic: 768.3209  p-value: 0
Rank-based Test:
Test statistic: 356.2365  p-value: 0
> print(paste0('m = 20'))
[1] "m = 20"
> archTest(md1$res, lag = 20)
Q(m) of squared series(LM test):
Test statistic: 1175.315  p-value: 0
Rank-based Test:
Test statistic: 637.4273  p-value: 0
```

检验结果显示,滞后 10 阶和滞后 20 阶的残差序列存在自相关,因此拒绝原假设,残差序列存在 ARCH 效应。条件方差依赖于过去值,因此可以考虑采用 GARCH 模型对方差方程进行参数估计。

(8)建立 GARCH 模型

使用 tseries 包中的 garch( )函数进行拟合标准 GARCH 模型。

```
out <- garch(r.data, order = c(1, 1))
summary(out)
```

结果如下:

```
Call:
garch(x = r.data, order = c(1, 1))

Model:
GARCH(1,1)

Residuals:
    Min        1Q       Median      3Q         Max
    -6.63705   -0.52136  0.01834     0.58991    4.37423
Coefficient(s):
    Estimate   Std. Error  t value    Pr(>|t|)
a0  0.014115   0.003082    4.58       4.66e-06 ***
a1  0.075485   0.004489    16.82      < 2e-16 ***
b1  0.920004   0.004285    214.70     < 2e-16 ***
```

```
---
Signif. codes： 0 ' *** '0.001 ' ** '0.01 ' * '0.05 '.'0.1 "1

Diagnostic Tests：
    Jarque Bera Test
data： Residuals
X-squared = 605.19, df = 2, p-value < 2.2e-16


    Box-Ljung test


data： Squared.Residuals
X-squared = 0.72848, df = 1, p-value = 0.3934
```

从结果上看,拟合出来的参数均显著,Box-Ljung test 结果中的 p 值大于显著性水平 0.05,因此可以认为模型的残差无序列相关,说明该模型拟合效果较好。但实际上,其中 Jarque Bera Test 用于对回归残差的正态性进行检验,Shapiro-Wilk Normality Test 也可用于正态性检验,原假设都是残差序列服从正态分布,检验结果表明,残差序列不服从正态分布,因此可对模型进行优化,考虑其他 GARCH 模型。

使用 rugarch 包对多个模型进行拟合。

```
# 模型优化
# 模型选择
md_name <- c("sGARCH", "eGARCH", "gjrGARCH",
            "apARCH", "TGARCH", "NAGARCH")
md_dist <- c("norm", "std", "sstd", "ged", "jsu")


# 设定函数
model_train <- function(data_, m_name, m_dist) {
  res <- NULL
  for(i in m_name) {
    sub_model <- NULL
    main_model <- i
    if(i == "TGARCH" | i == "NAGARCH") {
    sub_model <- i
    main_model <- "fGARCH"
}
for(j in m_dist) {
  model_name <- paste0('ARMA(3,2)', '-',
                i, '-', j,
                sep = "")
```

```
    if( main_model == "fGARCH" ) {
        model_name <- paste0('ARMA(3,2)', '-',
                           sub_model, '-', j,
                           sep = "" )
    }
}
print( model_name )
# 模型设定
mean.spec <- list( armaOrder = c( 3, 2 ), include.mean = F,
              archm = F, archpow = 1, arfima = F,
              external.regressors = NULL )
var.spec <- list( model = main_model, garchOrder = c( 1, 1 ),
             submodel = sub_model,
             external.regressors = NULL,
             variance.targeting = F )
dist.spec <- j
my_spec <- ugarchspec( mean.model = mean.spec,
                 variance.model = var.spec,
                 distribution.model = dist.spec )
# 模型拟合
my_fit <- ugarchfit( data = data_, spec = my_spec )
res <- rbind( res, c( list( ModelName = model_name ),
              list( LogL = likelihood( my_fit ) ),
              list( AIC = infocriteria( my_fit )[ 1 ] ),
              list( BIC = infocriteria( my_fit )[ 2 ] ),
              list( RMSE = sqrt( mean( residuals( my_fit )^2 ) ) ),
              list( md = my_fit ) ) )
      }
    }
    return( res )
}


# 模型拟合
my_model <- model_train( r.data, md_name, md_dist )

# 保存模型结果
write.table( my_model[ , 1:5 ],
         "E:\\GARCH 模型\\result.txt",
         sep = " " )
```

对于均值模型，考虑不带截距项的 ARIMA(3,0,2)。

对于方差模型,阶数设定为 1 阶 ARCH 和 1 阶 GARCH,考虑标准 GARCH(sGARCH)、指数 GARCH(eGARCH)、GJR - GARCH、渐近幂 ARCH(APARCH)、门限 GARCH(TGARCH)、非线性非对称 GARCH(NAGARCH)6 类模型。

对于残差分布类型,考虑标准正态分布(norm)、标准 t 分布(std)、偏 t 分布(sstd)、广义误差分布(ged)和 Johnson'SU 分布(jsu)5 类分布。

```
# 读取模型结果
res_table <- read.table("E:\\GARCH 模型\\result.txt",
header = TRUE,
sep = " ")
kable(res_table, caption = "Result of GARCH Model", align = 'l')
```

读取结果如下:

Result of GARCH Model

ModelName	LogL	AIC	BIC	RMSE
ARMA(3,2)−sGARCH−norm	−4287.354	3.216289	3.233931	1.388724
ARMA(3,2)−sGARCH−std	−4197.877	3.150039	3.169886	1.390716
ARMA(3,2)−sGARCH−sstd	−4200.758	3.152945	3.174997	1.388659
ARMA(3,2)−sGARCH−ged	−4196.461	3.148979	3.168826	1.393500
ARMA(3,2)−sGARCH−jsu	−4196.604	3.149834	3.171887	1.392277
ARMA(3,2)−eGARCH−norm	−4291.840	3.220397	3.240244	1.387100
ARMA(3,2)−eGARCH−std	−4190.055	3.144930	3.166983	1.391208
ARMA(3,2)−eGARCH−sstd	−4195.615	3.149843	3.174100	1.393278
ARMA(3,2)−eGARCH−ged	−4198.782	3.151465	3.173518	1.389154
ARMA(3,2)−eGARCH−jsu	−4195.977	3.150113	3.174371	1.389470
ARMA(3,2)−gjrGARCH−norm	−4286.312	3.216257	3.236105	1.387819
ARMA(3,2)−gjrGARCH−std	−4196.651	3.149870	3.171922	1.389812
ARMA(3,2)−gjrGARCH−sstd	−4193.201	3.148036	3.172293	1.387868
ARMA(3,2)−gjrGARCH−ged	−4198.898	3.151552	3.173605	1.389051
ARMA(3,2)−gjrGARCH−jsu	−4197.426	3.151199	3.175456	1.388654
ARMA(3,2)−apARCH−norm	−4280.693	3.212799	3.234851	1.390408
ARMA(3,2)−apARCH−std	−4198.398	3.151927	3.176184	1.388939
ARMA(3,2)−apARCH−sstd	−4198.794	3.152972	3.179435	1.393374
ARMA(3,2)−apARCH−ged	−4197.896	3.151550	3.175808	1.389143
ARMA(3,2)−apARCH−jsu	−4195.756	3.150697	3.177160	1.389075
ARMA(3,2)−TGARCH−norm	−4296.395	3.223808	3.243655	1.392834
ARMA(3,2)−TGARCH−std	−4197.918	3.150819	3.172871	1.393289
ARMA(3,2)−TGARCH−sstd	−4195.199	3.149531	3.173789	1.392167
ARMA(3,2)−TGARCH−ged	−4201.116	3.153213	3.175265	1.394249
ARMA(3,2)−TGARCH−jsu	−4197.757	3.151447	3.175705	1.389720

ARMA(3,2)-NAGARCH-norm	−4280.633	3.212005	3.231852	1.390417
ARMA(3,2)-NAGARCH-std	−4196.422	3.149698	3.171751	1.389805
ARMA(3,2)-NAGARCH-sstd	−4197.299	3.151104	3.175361	1.391924
ARMA(3,2)-NAGARCH-ged	−4197.271	3.150334	3.172386	1.393495
ARMA(3,2)-NAGARCH-jsu	−4197.796	3.151476	3.175734	1.393777

从拟合的模型结果来看,渐近幂 ARCH 模型在最大似然估计值达到最大,同时 AIC 和 BIC 都取得最小值,说明渐近幂 ARCH 模型比较适配。从拟合的模型残差分布来看,非正态分布的 AIC 和 BIC 都明显低于正态分布,说明残差是服从重尾类型的分布。

选取 apARCH 模型,对比不同分布的参数显著性、检验结果以及模型效果,这里分布考虑正态分布、t 分布、广义误差分布与 3 种分布对应的偏态分布以及 Johnson'SU 分布。

```
# 选择模型再拟合
md_name <- c("apARCH")
md_dist <- c("norm", "snorm", "std", "sstd", "ged", "sged", "jsu")
new_model <- model_train(r.data, md_name, md_dist)


# 信息准则表
my_info_cri <- NULL
for(i in 1:dim(new_model)[1]) {
    new_aic <- round(infocriteria(new_model[i, 6]$md)[1], digits = 4)
    new_bic <- round(infocriteria(new_model[i, 6]$md)[2], digits = 4)
    new_sib <- round(infocriteria(new_model[i, 6]$md)[3], digits = 4)
    new_hq <- round(infocriteria(new_model[i, 6]$md)[4], digits = 4)
    new_llk <- round(likelihood(new_model[i, 6]$md), digits = 4)
    my_info_cri <- rbind(my_info_cri, c(new_model[i, 1],
                    Akaike = new_aic,
                    Bayes = new_bic,
                    Shibata = new_sib,
                    HQ = new_hq,
                    LLH = new_llk))

}


# 模型系数显著性表
my_cof_table <- NULL
my_cof_names <- NULL
for(i in 1:dim(new_model)[1]) {
    my_cof_names <- rbind(my_cof_names, new_model[i, 1]$ModelName)
    my_df <- data.frame(t(round(new_model[i, 6]$md@fit$robust.matcoef[, 4],
                digits = 4)))
```

```
    if( i = = 1 ) {
      my_cof_table <- data.frame( my_df)
    }
    else {
      my_cof_table <- full_join( my_cof_table, my_df)
    }
}
row.names( my_cof_table) <- my_cof_names[ , 1]
my_cof_table <- t( my_cof_table)

# 参数稳定性个别检验表
my_nyblom_table <- NULL
my_nyblom_name <- NULL
for( i in 1:dim( new_model)[ 1]) {
  my_nyblom_name <- rbind( my_nyblom_name,
              new_model[ i, 1]$ModelName)
  my_df <- data.frame( t( round( nyblom( new_model[ i, 6]$md)$IndividualStat,
                digits = 4) ) )
  if( i = = 1 ) {
    my_nyblom_table <- data.frame( my_df)
  }
  else {
    my_nyblom_table <- full_join( my_nyblom_table, my_df)
  }
}
row.names( my_nyblom_table) <- my_nyblom_name[ , 1]
my_IC <- NULL
for( i in 1:dim( new_model)[ 1]) {
  my_IC <- cbind( my_IC, nyblom( new_model[ 1, 6]$md)$IndividualCritical)
}
my_nyblom_table <- rbind( t( my_nyblom_table) , my_IC)

# 参数稳定性联合检验表
my_nyblom_table2 <- NULL
my_nyblom_name2 <- NULL
for( i in 1:dim( new_model)[ 1]) {
  my_nyblom_name2 <- rbind( my_nyblom_name2,
              new_model[ i, 1]$ModelName)
  df1 <- data.frame( JoinStat = round( nyblom( new_model[ i,6]$md)$JointStat,
```

```
                              digits = 4 ) )
  df2 <- data.frame( mm = round( nyblom( new_model[ i, 6 ]$md )$JointCritical,
                digits = 4 ) )
  temp_table <- cbind( df1, t( df2 ) )
  if( i = = 1 ) {
    my_nyblom_table2 <- temp_table
  }
  else {
    my_nyblom_table2 <- full_join( my_nyblom_table2, temp_table )
  }
}
row.names( my_nyblom_table2 ) <- my_nyblom_name2


# 模型分布拟合度 p 值检验表
my_gof_table <- NULL
my_gof_name <- NULL
group_name <- c( 20, 30, 40, 50 )
for( i in 1:dim( new_model )[ 1 ] ) {
  my_gof_name <- rbind( my_gof_name,
                new_model[ i, 1 ]$ModelName )
  df1 <- round( gof( new_model[ i, 6 ]$md,
            groups = group_name )[ 1:4, 3 ],
          digits = 4 )
  if( i = = 1 ) {
    my_gof_table <- df1
  }
  else {
    my_gof_table <- rbind( my_gof_table, df1 )
  }
}
row.names( my_gof_table ) <- my_gof_name
colnames( my_gof_table ) <- c( 20, 30, 40, 50 )


# 符号偏误显著性检验表
my_sign_table <- NULL
my_sign_name <- NULL
row_sign_name <- row.names( signbias( new_model[ 1, 6 ]$md ) )
for( i in 1:dim( new_model )[ 1 ] ) {
  my_sign_name <- rbind( my_sign_name,
```

```
                new_model[i, 1]$ModelName)
    df1 <- round(signbias(new_model[i, 6]$md)$prob, digits = 4)
    if(i == 1) {
        my_sign_table <- df1
    }
    else {
        my_sign_table <- rbind(my_sign_table, df1)
    }
}
row.names(my_sign_table) <- my_sign_name
colnames(my_sign_table) <- row_sign_name

# 展示表格
kable(my_cof_table,
        caption = "P-value Table of Coefficients")
kable(my_nyblom_table,
        caption = "P-value Table of Nyblom Individual Stability Test")
kable(my_nyblom_table2,
        caption = "P-value Table of Nyblom Joint Stability Test")
kable(my_sign_table,
        caption = "P-value Table of Sign Bias Test")
kable(my_gof_table,
        caption = "P-value Table of Goodness-of-fit")
kable(my_info_cri,
        caption = "Table of Information Criteria")
```

结果如下所示：

P-value Table of Coefficients

	ARMA(3,2)-apARCH-norm	ARMA(3,2)-apARCH-snorm	ARMA(3,2)-apARCH-std
ar1	0.0000	0.0000	0.0000
ar2	0.0000	0.0000	0.0000
ar3	0.1664	0.5268	0.3490
ma1	0.0000	0.0000	0.0000
ma2	0.0000	0.0000	0.0000
omega	0.0790	0.0857	0.0205
alpha1	0.0000	0.0000	0.0000
beta1	0.0000	0.0000	0.0000
gamma1	0.4681	0.5889	0.2158

delta	0.0000	0.0000	0.0000
skew	NA	0.0000	NA
shape	NA	NA	0.0000

ARMA(3,2)-apARCH-sstd	ARMA(3,2)-apARCH-ged	ARMA(3,2)-apARCH-sged
ar1	0.0000	0.0000	0.0000
ar2	0.0000	0.0000	0.0000
ar3	0.4378	0.2980	0.0002
ma1	0.0000	0.0000	0.0000
ma2	0.0000	0.0000	0.0000
omega	0.0212	0.0248	0.0232
alpha1	0.0000	0.0000	0.0000
beta1	0.0000	0.0000	0.0000
gamma1	0.2407	0.2414	0.2644
delta	0.0000	0.0000	0.0000
skew	0.0000	NA	0.0000
shape	0.0000	0.0000	0.0000

ARMA(3,2)-apARCH-jsu	
ar1	0.0000
ar2	0.0000
ar3	0.4582
ma1	0.0000
ma2	0.0000
omega	0.0179
alpha1	0.0000
beta1	0.0000
gamma1	0.2501
delta	0.0000
skew	0.1338
shape	0.0000

P-value Table of Nyblom Individual Stability Test

ARMA(3,2)-apARCH-norm	ARMA(3,2)-apARCH-snorm	ARMA(3,2)-apARCH-std
ar1	0.0373	0.0269	0.0693
ar2	0.1909	0.1565	0.0869
ar3	0.0431	0.0522	0.0411
ma1	0.0244	0.0337	0.1050
ma2	0.0346	0.0288	0.0891

omega	0.1114	0.1181	0.1768
alpha1	0.1230	0.1281	0.1127
beta1	0.1574	0.1593	0.1112
gamma1	0.0953	0.0975	0.1778
delta	0.0840	0.0933	0.0750
skew	NA	0.1585	NA
shape	NA	NA	0.3616
10%	0.3530	0.3530	0.3530
5%	0.4700	0.4700	0.4700
1%	0.7480	0.7480	0.7480

ARMA（3,2）-apARCH-sstd	ARMA（3,2）-apARCH-ged	ARMA（3,2）-apARCH-sged	
ar1	0.0471	0.1261	0.1235
ar2	0.0301	0.1498	0.1265
ar3	0.0549	0.0730	0.0677
ma1	0.0454	0.1149	0.1058
ma2	0.0302	0.1421	0.1277
omega	0.1732	0.1417	0.1410
alpha1	0.1174	0.1040	0.1104
beta1	0.1125	0.1011	0.1056
gamma1	0.1868	0.1531	0.1572
delta	0.0755	0.0707	0.0742
skew	0.2856	NA	0.3526
shape	0.3706	0.7485	0.7999
10%	0.3530	0.3530	0.3530
5%	0.4700	0.4700	0.4700
1%	0.7480	0.7480	0.7480

ARMA（3,2）-apARCH-jsu	
ar1	0.0512
ar2	0.0940
ar3	0.0402
ma1	0.0803
ma2	0.1033
omega	0.1701
alpha1	0.1153
beta1	0.1106
gamma1	0.1896
delta	0.0765
skew	0.3214

shape	0.5461
10%	0.3530
5%	0.4700
1%	0.7480

P−value Table of Nyblom Joint Stability Test

	JoinStat	10%	5%	1%
ARMA(3,2)−apARCH−norm	1.4001	2.29	2.54	3.05
ARMA(3,2)−apARCH−snorm	1.5620	2.49	2.75	3.27
ARMA(3,2)−apARCH−std	2.5588	2.49	2.75	3.27
ARMA(3,2)−apARCH−sstd	2.2291	2.69	2.96	3.51
ARMA(3,2)−apARCH−ged	2.2925	2.49	2.75	3.27
ARMA(3,2)−apARCH−sged	2.5832	2.69	2.96	3.51
ARMA(3,2)−apARCH−jsu	2.9894	2.69	2.96	3.51

P−value Table of Sign Bias Test

	Sign Bias	Negative Sign Bias	Positive Sign Bias	Joint Effect
ARMA(3,2)−apARCH−norm	0.2571	0.2723	0.0331	0.1030
ARMA(3,2)−apARCH−snorm	0.2298	0.1954	0.0361	0.0894
ARMA(3,2)−apARCH−std	0.2144	0.0870	0.1003	0.1157
ARMA(3,2)−apARCH−sstd	0.1683	0.0638	0.0830	0.0824
ARMA(3,2)−apARCH−ged	0.2418	0.1146	0.0788	0.1127
ARMA(3,2)−apARCH−sged	0.2472	0.1080	0.0818	0.1095
ARMA(3,2)−apARCH−jsu	0.2224	0.0831	0.1012	0.1106

P−value Table of Goodness−of−fit

	20	30	40	50
ARMA(3,2)−apARCH−norm	0.0000	0.0000	0.0000	0.0000
ARMA(3,2)−apARCH−snorm	0.0000	0.0000	0.0000	0.0000
ARMA(3,2)−apARCH−std	0.1779	0.0594	0.3256	0.0522
ARMA(3,2)−apARCH−sstd	0.0567	0.1354	0.3097	0.1976
ARMA(3,2)−apARCH−ged	0.3284	0.4833	0.7172	0.4682
ARMA(3,2)−apARCH−sged	0.2363	0.3724	0.2149	0.2895
ARMA(3,2)−apARCH−jsu	0.1169	0.0328	0.1282	0.0263

Table of Information Criteria

ModelName	Akaike	Bayes	Shibata	HQ	LLH
ARMA(3,2)−apARCH−norm	3.2128	3.2349	3.2128	3.2208	−4280.6927
ARMA(3,2)−apARCH−snorm	3.2104	3.2346	3.2103	3.2191	−4276.4368

ARMA(3,2)-apARCH-std	3.1519	3.1762	3.1519	3.1607	-4198.3982
ARMA(3,2)-apARCH-sstd	3.153	3.1794	3.1529	3.1625	-4198.7939
ARMA(3,2)-apARCH-ged	3.1516	3.1758	3.1515	3.1603	-4197.8957
ARMA(3,2)-apARCH-sged	3.1517	3.1782	3.1517	3.1613	-4197.0934
ARMA(3,2)-apARCH-jsu	3.1507	3.1772	3.1507	3.1603	-4195.7562

从模型拟合的系数显著性表可以看出,拟合的系数基本都显著,只有少数参数不显著。从系数稳定性的个别检验和联合检验可以看出,在5%显著性水平下正态分布、偏正态分布、广义误差分布和偏广义误差分布都接受参数是稳定的原假设。从符号偏误检验的结果来看,apARCH模型正负残差受到冲击的差异不明显,说明该非对称模型有效消除了杠杆效应。从调整皮尔逊拟合优度检验的结果来看,原假设是残差分布与理论分布没有差异,结果表明广义误差分布和偏广义误差分布没有拒绝原假设,说明这两种分布与模型适配较好。

从模型拟合的信息准则表来看,Johnson' SU 分布的 LLH 达到最大,而 HQ 值达到最小,BIC 也很小,说明 ARMA(3,2)-apARCH(1,1)-jsu 模型最优。拟合 ARMA(3,2)-apARCH(1,1)-jsu 模型,理论模型和模型参数估计及显著性如下所示:

$$X_t = \sum_{i=1}^{p} \varphi_i X_{t-i} - \sum_{j=1}^{q} \vartheta_j \varepsilon_{t-j} + \varepsilon_t \tag{5.2}$$

$$z_t = \frac{\varepsilon_t}{\sigma_t} = \frac{X_t}{\sigma_t} \tag{5.3}$$

$$\ln\sigma_t^2 = \omega + \alpha z_{t-1} + \beta\ln\sigma_{t-1}^2 + \gamma\left(\frac{|\varepsilon_{t-1}|}{\sigma_{t-1}} - E|z_{t-1}|\right) \tag{5.4}$$

其中,$\varepsilon_t \sim \text{jsu}(0,1,\text{shape},\text{skew})$。

Table of Final Model Coef.

	Estimate	Std. Error	t value	Pr(>|t|)
ar1	0.2319592	0.0156075	14.8620166	0.0000000
ar2	-0.9495042	0.0078547	-120.8843223	0.0000000
ar3	0.0119566	0.0161192	0.7417613	0.4582320
ma1	-0.2307130	0.0057949	-39.8131771	0.0000000
ma2	0.9481253	0.0041604	227.8924514	0.0000000
omega	0.0173478	0.0073258	2.3680547	0.0178819
alpha1	0.0757901	0.0132894	5.7030361	0.0000000
beta1	0.9276299	0.0130655	70.9982811	0.0000000
gamma1	0.1028379	0.0894178	1.1500831	0.2501096
delta	1.4669842	0.2624678	5.5891961	0.0000000
skew	-0.0915817	0.0610771	-1.4994441	0.1337585
shape	1.6025700	0.1039469	15.4171936	0.0000000

通过对沪深300指数的波动性分析发现,我国股票市场有两段时间出现较大的波动。第一次波动出现在2015年前后,该阶段是由于杠杆资金的加入和政策收紧,形成短暂的牛市和熊市,持续时间较短,第二次波动出现在2021年前后,该阶段是由于新型冠状病毒在全

球范围内持续蔓延,对经济和市场产生了巨大影响,疫情的不确定性导致投资者情绪波动,从而整个股票市场出现不稳定。

使用多个 GARCH 模型进行比对,发现非对称模型 ARIMA-apARCH 模型与沪深 300 指数的对数收益率有较高的匹配度,同时 Johnson' SU 分布与理论分布较为接近,说明沪深 300 指数的波动性呈现的是尖峰厚尾、非对称性特征,这些特征可能反映了市场中存在的某些非典型行为或特殊规律,进一步影响了投资者的决策和风险管理策略。

基于以上分析,建议投资者在制定投资策略时要考虑事件对市场的影响,针对市场的非对称性和尖峰厚尾特征采取灵活的风险管理策略,以及密切关注事件对市场的持续影响,及时调整投资组合以规避潜在风险。这些举措将有助于投资者更好地适应市场的波动性特征,提高投资效果并降低风险。

(9)预测

```
# 预测未来 n 步的波动率
n_steps <- 10 #这里为预测未来 10 天的收盘价
forecast_volatility <- ugarchforecast(new_model[6, 6]$md, n.ahead = n_steps, forecast.
length = n_steps)
# 生成未来 n 步的随机波动
n_simulations <- 1000    # 模拟次数
simulated_data <- ugarchsim(new_model[6, 6]$md, n.start = 1, n.sim = n_steps,
startMethod = "sample")

# 提取预测值
forecasted_prices <- numeric(n_steps)
last_observed_price <- tail(data.ts, n = 1)
for(i in 1:n_steps) {
    next_return <- sqrt(forecast_volatility@forecast$sigmaFor[i]) * rnorm(1, mean = 0,
sd = 1)
    next_price <- exp(log(last_observed_price) + next_return)
    forecasted_prices[i] <- next_price
}

# 输出预测结果
print(forecasted_prices)
```

此处以 10 天为例,预测未来 10 天沪深 300 指数收盘价数据,结果如下所示:

```
[1]    5439.6741    1620.7017    979.1219    2437.1393    2531.1116    3042.7393
19496.9101    735.0179    2109.4348    1443.8252
```

5.5 GARCH 模型的缺点

由于 GARCH(p, q)模型是 ARCH 模型的扩展,因此 GARCH(p, q)同样具有 ARCH(q)模

型的特点。但 GARCH 模型的条件方差不仅是滞后残差平方的线性函数,而且是滞后条件方差的线性函数。

GARCH 模型适合在计算量不大时,方便地描述高阶的 ARCH 过程,因而具有更大的适用性。但 GARCH(p,q)模型在应用于资产定价方面存在以下不足:

①GARCH 模型不能解释股票收益和收益变化波动之间出现的负相关现象。GARCH(p,q)模型假定条件方差是滞后残差平方的函数,因此,残差的符号不影响波动,即条件方差对正的价格变化和负的价格变化的反应是对称的。然而在经验研究中发现,当利空消息出现时,即预期股票收益会下降时,波动趋向于增大;当利好消息出现时,即预期股票收益会上升时,波动趋向于减小。GARCH(p,q)模型不能解释这种非对称现象。

②GARCH(p,q)模型为了保证非负,假定条件方差、独立同分布的随机变量系数均大于零。这些约束隐含着的任何滞后项增大都会增加因而排除了的随机波动行为,这使得在估计 GARCH 模型时可能出现震荡现象。

5.6　GARCH 模型的变种——EGARCH 模型

EGARCH 模型能够捕捉一个 GARCH 模型不能捕捉到的实证现象,即 $t-1$ 时刻的负面冲击比正面冲击对 t 时刻的方差有更强烈的影响。这一不对称现象被称为杠杆效应,因为增加的风险被认为是增加杠杆引起的负面冲击,不过最近这种效应已经微不足道。注意到描述负面冲击的有效系数为 $\gamma-\alpha$,对比描述正向冲击的有效系数为 $\gamma-\alpha$。在金融时间序列中,我们普遍观察到 γ 是负值且在统计上显著。

EGARCH(m,s)模型的表达形式如下:

$$a_t = \sigma_t \varepsilon_t, \log(\sigma_t^2) = \alpha_0 + \sum_{i=1}^{p} \alpha_i \left(\mid \varepsilon_{t-i} \mid - \sqrt{\frac{2}{\pi}} \right) + \sum_{j=1}^{q} \beta_j \log(\sigma_{t-j}^2) \tag{5.5}$$

其中,α_0 为常数,σ_t^2 是在时间 t 的条件方差,α_i 和 β_j 是模型的参数,分别代表了 GARCH 效应和 ARCH 效应的系数,ε_{t-i} 是 $t-i$ 期的残差,$\sqrt{\dfrac{2}{\pi}}$ 是修正因子,用于确保波动率始终是正数。

[**例**5.1]　以某银行的股票为例,用 EGARCH 模型进行分析,对收盘价和波动率进行拟合和预测。

首先,从网易财经获取数据。

```
library(knitr)
library(pedquant)
library(zoo)
library(imputeTS)
library(tseries)
library(forecast)
library(MTS)
library(rugarch)
library(dplyr)
```

```
# 获取网易财经的数据
datt <- md_stock(symbol='600000.ss',
                 from="2013-01-01",
                 to="2023-12-31", source="163")
# 上海证券交易所(SSE)股票代码格式为:6位数字 + .SS,例如某银行的股票代码为
600000.SS
# 保存数据
write.csv(datt, "E:\\GARCH模型\\pfyh.csv")
```

进行对数化和差分处理:

```
raw_data <- read.csv("E:\\GARCH模型\\pfyh.csv", header=TRUE)
# 转成时间序列
my_date <- as.Date(raw_data$X600000.ss.date)
my_data <- raw_data$X600000.ss.close
data.ts <- zoo(my_data, my_date)

# 查看是否存在缺失值
sum(is.na(my_data))

library(quantmod)
# 转成时间序列(不包括日期)和对数差分化处理
r.data <- diff(log(ts(my_data)))
```

绘制时序图:

```
plot(r.data, main="pfyh")
```

结果如图5.2所示。

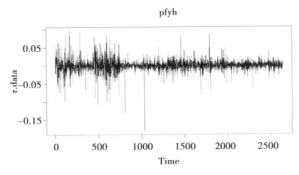

图5.2　某银行收盘价时序图

进行平稳性检验:

```
adf.test(r.data)
```

得到结果如下:

Augmented Dickey-Fuller Test
alternative: stationary

Type 1: no drift no trend

	lag	ADF	p.value
[1,]	0	-50.8	0.01
[2,]	1	-37.3	0.01
[3,]	2	-30.1	0.01
[4,]	3	-25.7	0.01
[5,]	4	-24.1	0.01
[6,]	5	-23.1	0.01
[7,]	6	-20.7	0.01
[8,]	7	-19.0	0.01
[9,]	8	-17.1	0.01

Type 2: with drift no trend

	lag	ADF	p.value
[1,]	0	-50.8	0.01
[2,]	1	-37.3	0.01
[3,]	2	-30.1	0.01
[4,]	3	-25.7	0.01
[5,]	4	-24.1	0.01
[6,]	5	-23.1	0.01
[7,]	6	-20.7	0.01
[8,]	7	-19.1	0.01
[9,]	8	-17.1	0.01

Type 3: with drift and trend

	lag	ADF	p.value
[1,]	0	-50.8	0.01
[2,]	1	-37.3	0.01
[3,]	2	-30.1	0.01
[4,]	3	-25.8	0.01
[5,]	4	-24.2	0.01
[6,]	5	-23.1	0.01
[7,]	6	-20.7	0.01
[8,]	7	-19.1	0.01
[9,]	8	-17.1	0.01

Note: in fact, p.value=0.01 means p.value <=0.01

可以看到,每一类检验 p 值都小于显著性水平 0.05,故拒绝序列非平稳的原假设,即该序列平稳。接下来,使用 rugarch 包中的 ugarchspec 和 ugarchfit 函数,自动搜索并选择最优的 EGARCH(p,q) 模型阶数并拟合模型:

```
# 拟合 EGARCH 模型
spec = ugarchspec( variance.model = list( model = "eGARCH", garchOrder = c(1,1) ),
            mean.model = list( armaOrder = c(0,0), include.mean = FALSE ),
            distribution.model = "std" )
# 使用 rugarch 包自动选择最优 EGARCH 模型阶数
fit = ugarchfit( spec, r.data )
fit
# 查看自动选择的 EGARCH 模型阶数
print( fit@ fit$matcoef )
```

得到结果如下:

```
* ---------------------------------- *
*             GARCH Model Fit        *
* ---------------------------------- *

Conditional Variance Dynamics
------------------------------------
GARCH Model : eGARCH(1,1)
Mean Model : ARFIMA(0,0,0)
Distribution : std

Optimal Parameters
------------------------------------
```

	Estimate	Std. Error	t value	Pr(>|t|)
omega	−0.180562	0.031855	−5.6683	0e+00
alpha1	0.073624	0.016477	4.4683	8e−06
beta1	0.978464	0.003943	248.1532	0e+00
gamma1	0.191803	0.042283	4.5362	6e−06
shape	3.235842	0.224577	14.4086	0e+00

Robust Standard Errors:

	Estimate	Std. Error	t value	Pr(>|t|)
omega	−0.180562	0.049990	−3.6119	0.000304
alpha1	0.073624	0.019980	3.6849	0.000229
beta1	0.978464	0.006321	154.7913	0.000000
gamma1	0.191803	0.082676	2.3199	0.020345
shape	3.235842	0.239980	13.4838	0.000000

LogLikelihood：7770.353

Information Criteria

Akaike   −5.8873
Bayes   −5.8762
Shibata   −5.8873
Hannan−Quinn   −5.8833

Weighted Ljung−Box Test on Standardized Residuals
----

	statistic	p−value
Lag[1]	3.294	0.06951
Lag[2*(p+q)+(p+q)−1][2]	3.323	0.11473
Lag[4*(p+q)+(p+q)−1][5]	3.797	0.28052

d.o.f=0
H0：No serial correlation

Weighted Ljung−Box Test on Standardized Squared Residuals
----

	statistic	p−value
Lag[1]	0.1073	0.7432
Lag[2*(p+q)+(p+q)−1][5]	0.4614	0.9635
Lag[4*(p+q)+(p+q)−1][9]	0.7971	0.9932

d.o.f=2

Weighted ARCH LM Tests

	Statistic	Shape	Scale	P−Value
ARCH Lag[3]	0.09043	0.500	2.000	0.7636
ARCH Lag[5]	0.22626	1.440	1.667	0.9592
ARCH Lag[7]	0.44999	2.315	1.543	0.9827

Nyblom stability test

Joint Statistic：1.3567
Individual Statistics：

```
omega        0.28237
alpha1       0.07132
beta1        0.23614
gamma1       0.19003
shape        0.06720


Asymptotic Critical Values(10%      5%       1%)
Joint Statistic:              1.28     1.47     1.88
Individual Statistic:         0.35     0.47     0.75


Sign Bias Test
———————————————————————————————————————————


Adjusted Pearson Goodness-of-Fit Test:
———————————————————————————————————————————
      group     statistic     p-value(g-1)
1     20        52.96         4.742e-05
2     30        97.34         2.590e-09
3     40        142.80        9.308e-14
4     50        167.50        7.220e-15


Elapsed time :0.5191879

           Estimate        Std. Error      t value        Pr(>|t|)
omega      -0.18056241     0.031854987     -5.668262      1.442535e-08
alpha1     0.07362423      0.016476923     4.468324       7.883493e-06
beta1      0.97846393      0.003942983     248.153229     0.000000e+00
gamma1     0.19180250      0.042282740     4.536189       5.727982e-06
shape      3.23584174      0.224577142     14.408598      0.000000e+00
```

将各参数值代入公式,得到

$$\ln\sigma_t^2 = 0.3036 + 0.0641\frac{|a_{t-1}| + 0.1947a_{t-1}}{\sigma_{t-1}} + 0.257\ln\sigma_{t-1}^2 \tag{5.6}$$

预测未来 10 天收盘价:

```
forecasts <- ugarchforecast(fit, n.ahead=10)    # 预测未来 10 天
forecasts
# 绘制预测图
plot(forecasts)
```

得到结果如下:

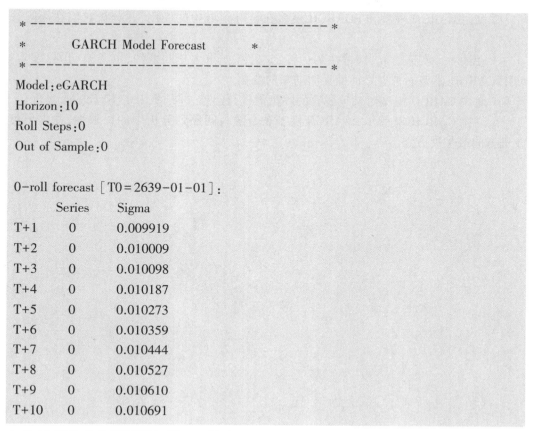

```
* ------------------------------------------ *
*           GARCH Model Forecast        *
* ------------------------------------------ *
Model：eGARCH
Horizon：10
Roll Steps：0
Out of Sample：0


0-roll forecast ［T0＝2639-01-01］：
           Series      Sigma
T+1        0         0.009919
T+2        0         0.010009
T+3        0         0.010098
T+4        0         0.010187
T+5        0         0.010273
T+6        0         0.010359
T+7        0         0.010444
T+8        0         0.010527
T+9        0         0.010610
T+10       0         0.010691
```

未来10天收盘价预测图如图5.3所示。

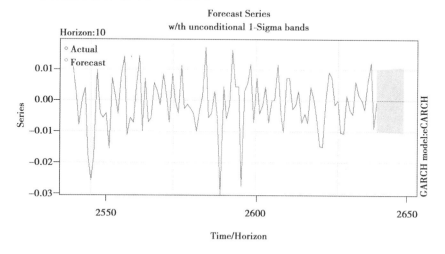

图5.3 该银行未来10天收盘价预测图

5.7 课后习题

1.观察GARCH模型和EGARCH模型的数学公式,并比较它们之间的区别。

2.探讨 GARCH 模型和 EGARCH 模型在金融领域中的应用,并分析它们在风险管理中的作用。

3.设计一个实证研究,探讨在某一特定事件(如重大新闻事件、市场波动等)发生前后,使用 GARCH 模型能否更好地捕捉波动率的变化。

4.使用 GARCH 模型对某只股票的收盘价进行建模,并预测未来 10 天的收盘价。

5.论述 GARCH 模型和 EGARCH 模型在金融时间序列分析中的局限性,并提出可能的改进方向或扩展方法。

前面章节所介绍的模型和方法都是针对一元的时间序列数据,但在实际应用中,常常会发现一个时间序列与另几个时间序列密切相关。例如,高校招生人数、高校教育经费支出和高校所在地区生产总值存在相关关系。因此,在分析高校招生人数的时间序列时,考虑高校教育经费支出和高校所在地区生产总值的时间序列,则可以更加准确地分析高校招生人数的时间序列。一般地,将两个或多个时间序列放在一起称为多元时间序列,对应的分析方法为多元时间序列分析,本章主要介绍多元时间序列分析方法中的一种——向量自回归模型。

6.1 基本概念

向量自回归模型是一种多元时间序列分析方法,该模型不以经济理论为基础,采用多方程联立的形式,假定一个变量不仅受到自身的历史值的影响,也受到其他变量的历史值的影响,即用模型中所有当期变量对所有变量的若干滞后变量进行回归,可以用于探究多个变量之间的相互影响关系。

一个 n 维 p 阶的 VAR 模型的标准形式为

$$Y_t = A_0 + A_1 Y_{t-1} + \cdots + A_p Y_{t-p} + e_t \qquad (6.1)$$

其中

$$Y_t = \begin{bmatrix} y_{1t} \\ y_{2t} \\ \vdots \\ y_{nt} \end{bmatrix} \text{为 } n \text{ 维内生变量列向量,}$$

$$e_t = \begin{bmatrix} e_{1t} \\ e_{2t} \\ \vdots \\ e_{nt} \end{bmatrix}, A_0 = \begin{bmatrix} a_{10} \\ a_{20} \\ \vdots \\ a_{n0} \end{bmatrix}, A_i = \begin{bmatrix} a_{11}(i) & a_{12}(i) & \cdots & a_{1n}(i) \\ a_{21}(i) & a_{22}(i) & \cdots & a_{2n}(i) \\ \vdots & \vdots & \vdots & \vdots \\ a_{n1}(i) & a_{n2}(i) & \cdots & a_{nn}(i) \end{bmatrix} (i = 1, 2, \cdots, p)$$

Y_t 是所关注的变量; a_{i0} 是截距项, $a_{ij}(k)$ 是第 i 个方程中 $y_{j,t-k}$ 项对应的自回归系数;每个 e_{it} 都是独立同分布的扰动项,即 $e_{it} \sim i.i.d.(0, \sigma_i^2)$,通常不同方程的扰动项 e_{it} 和 $e_{jt}(i \neq j)$ 之间是相关的;上述各项中 $i,j = 1, 2, \cdots, n, k = 1, 2, \cdots, p$。

在 Rstudio 中进行 VAR 模型建模有很多包,此处选择 vars 包的 VAR( ) 函数,使用格式为

VAR(y , p = 1 , type = c ("const" , "trend" , "both" , "none") , season = NULL , exogen = NULL , lag.max = NULL , ic = c ("AIC" , "HQ" , "SC" , "FPE"))

其中,y 为包含所有内生变量的数据,p 为延迟阶数,type 为回归类型,lag.max 为最大滞

后阶数,ic 为各种信息准则,如果 lag.max 提供一个整数值而非默认值 NULL,则滞后阶数由 ic 确定。

需要注意的是,传统的 VAR 模型要求每一个变量都是平稳的,对于非平稳时间序列需要经过差分得到平稳序列,再建立 VAR 模型,这样通常会损失水平序列所包含的信息,同时也可能会丧失其经济意义,随着协整理论的发展,对于非平稳时间序列,只要各变量间存在协整关系,就可以建立 VAR 模型,或者建立向量误差修正模型。

6.2 不平稳数据及协整检验

在 6.1 节中提到,若时间序列数据不平稳,只要存在协整关系,也可以建立 VAR 模型。即由 n 组 d 阶单整序列组成的向量 $\boldsymbol{y}_t = [y_{1t}, y_{2t}, \cdots, y_{nt}]'$,如果存在一个向量 $\boldsymbol{\beta} = [\beta_1, \beta_2, \cdots, \beta_n]$,使得线性组合 $\boldsymbol{\beta y}_t$ 是 $d-b$ 单整,则称向量 $\boldsymbol{y}_t = [y_{1t}, y_{2t}, \cdots y_{nt}]'$ 为 d、b 阶协整,$\boldsymbol{\beta}$ 称为协整向量。简单来说,若两个或者多个不平稳时间序列数据是一阶单整的,且其线性组合是平稳的,我们就说这组时间序列数据存在协整关系。协整的经济意义在于:两个变量虽然有其各自的长波动规律,但如果它们之间存在协整关系,则它们之间存在一个长期稳定的比例关系,一定程度上避免了伪回归,可以运用统计学方法进行分析。

常用的协整检验有 EG 协整检验和 Johansen 检验,EG 检验假定序列都是一阶单整,先用这些变量做最小二乘回归,再通过单位根检验等检验它们的残差是否平稳,如果是,则可能存在协整关系。EG 检验只适用于双变量的协整检验;若要进行多个变量的协整检验,可以使用 Johansen 检验。其基本思想是通过对时间序列数据进行特征根分解,来判断变量之间是否存在长期稳定的线性关系,即协整关系。它主要包括两个步骤:计算特征值和临界值的统计检验。具体原理及步骤详见参考文献[1][2]。

在 Rstudio 中,主要使用 urca 包里的 ca.jo( ) 函数进行协整检验。

6.3 模型应用

6.3.1 Granger 因果检验

Granger 因果检验是一种用于检验时间序列变量之间是否存在因果关系的统计方法,该方法的原理基于时间序列分析和因果关系的"因果滞后性"。

在 Granger 因果检验中,我们假设如果一个变量 X 在过去的信息能够帮助预测另一个变量 Y 的当前值,那么就可以说 X 对 Y 有 Granger 因果关系。这一假设建立在因果性随时间滞后的观念上,即一个事件发生后,可能会对另一个事件产生影响,而这种影响可能需要一定的时间来体现。

具体来说,在实施 Granger 因果检验时,通常会构建包含滞后项的自回归模型,即

$$Y_t = a_0 + a_1 Y_{t-1} + \cdots + a_p Y_{t-p} + b_0 + b_1 X_{t-1} + \cdots + b_p X_{t-p} + \varepsilon_{2t} \tag{6.2}$$

通过这个自回归模型,我们可以观察到在添加 X 的滞后项后,Y 的预测能力是否有所提高,从而判断 X 对 Y 是否存在 Granger 因果关系。检验的原假设为 X 不是 Y 的 Granger 原因,即 $b_1, \cdots, b_p$ 显著为 0。

需要注意的是,Granger 因果检验并不等于真正的因果关系,仅说明 X 的过去值对 Y 的

当前值有显著影响,用于预测可以提高精度,但并不意味着 X 是 Y 的原因,此外,检验的结果可能对滞后阶数的选择敏感。不同的滞后阶数选择可能导致不同的检验结果,因此在进行检验时需要小心选择合适的滞后阶数。

在 Rstudio 中,运用 vars 包中的 causality( ) 函数进行 Granger 因果检验。

6.3.2　脉冲响应函数

脉冲响应函数是度量模型系统中,每个内生变量对它自己及其他所有内生变量的变化的反应。这个变化是某个内生变量受到一个干扰或冲击,也就是其误差发生变动;而反应是指误差变动对自身的影响和对其他内生变量的影响。通过分析脉冲响应函数,可以明确变量之间的相互作用,揭示不同变量对冲击的响应存在的滞后效应,包括正向或负向的冲击传播、响应的持续时间以及衰减速度等。

以两个变量的 VAR(1) 模型为例:

$$Y_t = \boldsymbol{\Phi}_1 Y_{t-1} + \boldsymbol{\mu}_t$$

$$(\boldsymbol{I} - \boldsymbol{\Phi}_1 L) Y_t = \boldsymbol{\mu}_t$$

$$Y_t = (\boldsymbol{I} - \boldsymbol{\Phi}_1 L)^{-1} \boldsymbol{\mu}_t$$

$$Y_t = (\boldsymbol{I} + \boldsymbol{\Phi}_1 L + \boldsymbol{\Phi}_1^2 L^2 + \boldsymbol{\Phi}_1^3 L^3 + \cdots) \boldsymbol{\mu}_t$$

$$Y_t = \boldsymbol{\mu}_t + \boldsymbol{\Phi}_1 \boldsymbol{\mu}_{t-1} + \boldsymbol{\Phi}_1^2 \boldsymbol{\mu}_{t-2} + \cdots$$

$$\begin{bmatrix} Y_{1t} \\ Y_{2t} \end{bmatrix} = \begin{bmatrix} \mu_{1,t} \\ \mu_{2,t} \end{bmatrix} + \begin{bmatrix} \varphi_{11}(1) & \varphi_{12}(1) \\ \varphi_{21}(1) & \varphi_{22}(1) \end{bmatrix} \begin{bmatrix} \mu_{1,t-1} \\ \mu_{2,t-1} \end{bmatrix} + \cdots$$

$$Y_{1t} = \mu_{1,t} + \varphi_{11}(1) \mu_{1,t-1} + \varphi_{12}(1) \mu_{2,t-1} + \cdots$$

$$Y_{2t} = \mu_{2,t} + \varphi_{21}(1) \mu_{1,t-1} + \varphi_{22}(1) \mu_{2,t-1} + \cdots$$

给 u_{1t} 一个冲击,Y_{2t} 的每一期变化均可由上述公式得出,但我们想要的是某一个内生变量受到冲击造成的整个系统的变化,因此引入 $\boldsymbol{u}_t = \boldsymbol{A}^{-1} \boldsymbol{\varepsilon}_t$。

在 Rstudio 中,使用 ifr( ) 函数进行脉冲响应函数,使用格式为

$$\text{irf}(x, \text{impulse} = \text{NULL}, \text{response} = \text{NULL}, \text{n.ahead} = 10,$$

$$\text{ortho} = \text{TRUE}, \text{cumulative} = \text{FALSE}, \text{boot} = \text{TRUE}, \text{ci} = 0.95,$$

$$\text{runs} = 100, \text{seed} = \text{NULL}, \cdots)$$

其中,x 为所建立的 VAR 模型,impulse 默认为给每个内生变量一个冲击。

6.3.3　方差分解

方差分解主要通过分析每一个结构冲击对内生变量变化的贡献度,进一步评价不同结构冲击的重要性,因此,方差分解能给出对 VAR 模型中的变量产生影响的每个随机扰动的相对重要性信息,即对内生变量的变化进行归因。

以 VAR(1) 为例,依旧将模型改写为如下形式:

$$\begin{bmatrix} Y_{1t} \\ Y_{2t} \end{bmatrix} = \begin{bmatrix} \mu_{1,t} \\ \mu_{2,t} \end{bmatrix} + \begin{bmatrix} \varphi_{11}(1) & \varphi_{12}(1) \\ \varphi_{21}(1) & \varphi_{22}(1) \end{bmatrix} \begin{bmatrix} \mu_{1,t-1} \\ \mu_{2,t-1} \end{bmatrix} + \cdots \tag{6.3}$$

第 p 步预测误差为

$$\begin{bmatrix} Y_{1,t+p} \\ Y_{2,t+p} \end{bmatrix} - E_t \begin{bmatrix} Y_{1,t+p} \\ Y_{2,t+p} \end{bmatrix} = \sum_{k=0}^{\infty} \begin{bmatrix} \varphi_{11}(k) & \varphi_{12}(k) \\ \varphi_{21}(k) & \varphi_{22}(k) \end{bmatrix} \begin{bmatrix} \mu_{1,t+p-1} \\ \mu_{2,t+p-1} \end{bmatrix} \tag{6.4}$$

记 n 步预测误差的方差为 $\sigma_y^2(p)$，有

$$\sigma_y^2(p) = E\left(\begin{bmatrix} y_{1,t+p} \\ y_{2,t+p} \end{bmatrix} - E_t\begin{bmatrix} y_{1,t+p} \\ y_{2,t+p} \end{bmatrix}\right)^2$$

$$= \sum_{k=0}^{p-1}\begin{bmatrix} \varphi_{11}(k)^2 & \varphi_{12}(k)^2 \\ \varphi_{21}(k)^2 & \varphi_{22}(k)^2 \end{bmatrix}\begin{bmatrix} \sigma_{\varepsilon 1}^2 \\ \sigma_{\varepsilon 2}^2 \end{bmatrix}$$

$$= \begin{bmatrix} \sum\limits_{k=0}^{p-1}\varphi_{11}(k)^2 & \sum\limits_{k=0}^{p-1}\varphi_{12}(k)^2 \\ \sum\limits_{k=0}^{p-1}\varphi_{21}(k)^2 & \sum\limits_{k=0}^{p-1}\varphi_{22}(k)^2 \end{bmatrix}\begin{bmatrix} \sigma_{\varepsilon 1}^2 \\ \sigma_{\varepsilon 2}^2 \end{bmatrix} \tag{6.5}$$

则序列 y_1 的 p 步预测误差的方差 $\sigma_{y_1}^2(p)$ 为

$$\sigma_{y_1}^2(p) = \sum_{k=0}^{p-1}\varphi_{11}(k)^2\sigma_{\varepsilon 1}^2 + \sum_{k=0}^{p-1}\varphi_{12}(k)^2\sigma_{\varepsilon 2}^2 \tag{6.6}$$

因此，将序列 y_1 的方差分解为两部分，分别归因于 ε_{1t} 和 ε_{2t}，其中，归因于 y_{1t} 的冲击 ε_{1t} 的部分为 $\dfrac{\sum\limits_{k=0}^{p-1}\varphi_{11}(k)^2\sigma_{\varepsilon 1}^2}{\sigma_{y_1}^2(p)}$，归因于 y_{2t} 的冲击 ε_{2t} 的部分为 $\dfrac{\sum\limits_{k=0}^{p-1}\varphi_{11}(k)^2\sigma_{\varepsilon 1}^2}{\sigma_{y_1}^2(p)}$。这个过程即为 VAR 模型预测误差的方差分解。

在 Rstudio 中，使用 fevd( ) 函数进行方差分解，使用格式为

$$\text{fevd}(\,\text{x},\text{n.ahead}=10,\cdots)$$

6.4 VARX 模型

VARX 模型是一种基于向量自回归模型的扩展形式，它包含了外生变量作为影响因素，能更好地对内生变量进行预测。一般形式为

$$Y_t = A_0 + A_1Y_{t-1} + \cdots + A_pY_{t-p} + BX_t + e_t \tag{6.7}$$

其中：

$Y_t = \begin{bmatrix} y_{1t} \\ y_{2t} \\ \vdots \\ y_{nt} \end{bmatrix}$ 为 n 维内生变量列向量，$e_t = \begin{bmatrix} e_{1t} \\ e_{2t} \\ \vdots \\ e_{nt} \end{bmatrix}$，$A_0 = \begin{bmatrix} a_{10} \\ a_{20} \\ \vdots \\ a_{n0} \end{bmatrix}$，

$A_i = \begin{bmatrix} a_{11}(i) & a_{12}(i) & \cdots & a_{1n}(i) \\ a_{21}(i) & a_{22}(i) & \cdots & a_{2n}(i) \\ \vdots & \vdots & \vdots & \vdots \\ a_{n1}(i) & a_{n2}(i) & \cdots & a_{nn}(i) \end{bmatrix}(i=1,2,\cdots,p)$，$B = \begin{bmatrix} b_{11} & b_{12} & \cdots & b_{1q} \\ b_{21} & b_{22} & \cdots & b_{2q} \\ \cdots & \cdots & \cdots & \cdots \\ b_{n1} & b_{n2} & \cdots & b_{nq} \end{bmatrix}$ 为 $n\times q$ 维系数矩

阵,$\boldsymbol{X}_t = \begin{bmatrix} x_1 \\ x_2 \\ \vdots \\ x_q \end{bmatrix}$ 为 q 维外生变量。

6.5　VAR(p)模型实例应用

以加拿大宏观经济数据为例。首先需要对数据格式进行处理。

1)初步的数据描述性分析

案例数据为 vars 包中自带季度数据 Canada,包括 4 列观测变量分别为 e:就业情况;U:失业率;rw:实际工资;prod:劳动生产率;选择 1980—1998 年的数据进行分析。

通过时序图观察 4 个变量的走势:

```
ggplot( data = Canada_tsi) + geom_line( aes( x = index, y = value), color = "blue") +
acet_wrap( ~ key, ncol = 1, scales = "free_y") +
labs( title = "Canada", x = "Time", y = "Value") + theme_minimal() +
theme( panel.border = element_rect( color = "black", fill = NA), panel.spacing = unit( 0, "lines") )
```

各变量时序图如图 6.1 所示。

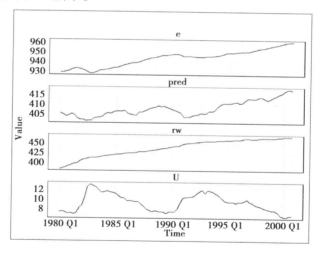

图 6.1　各变量时序图

通过观察图 6.1 初步发现,e,prod 和 rw 呈现上升趋势,并不符合平稳时间序列的常数均值常数方差特征,需进一步进行平稳性检验。

2)平稳性检验

建立 VAR 模型的前提是数据为平稳时间序列,因此对案例数据进行单位根检验:

```
( e.adf = adf.test( e$value) )
( prod.adf = adf.test( prod$value) )
( n.adf = adf.test( rw$value) )
```

```
( Uadf = adf.test( U$value ) )
```

结果显示:4列数据的单位根检验 p 值都大于0.05,接受原假设,认为数据不平稳。传统的 VAR 模型是建立在平稳时间序列上的,如果数据不平稳,且不存在协整关系,此时只能使用差分后的平稳数据建立 VAR 模型,但经过差分后的数据往往会丧失其经济学意义,因此,若数据不平稳且不存在协整关系,往往考虑替换其中一些内生变量。

3)协整检验

```
data2 - data. frame( eSvalue, prod Svalue mSvalue.USvalme )
result <- ca. jo( data2, ype-leigen" K = 3, ecdet = "trend'", spec = "longrun" )
```

结果:

Values of teststatistic and critical values of test :

	test	10pct	5pct	1pct
r <= 3 |	3.93	10.49	12.25	16.26
r <= 2 |	13.12	16.85	18.96	23.65
r <= 1 |	27.45	23.11	25.54	30.34
r = 0 |	48.48	29.12	31.46	36.65

将检验统计量值与临界值对应,通常选择95%的显著性水平,认为该系统存在两个协整关系。

4)滞后阶数选择

在数据通过协整检验后,若建立 VAR 模型,紧接着需要确定滞后阶数。滞后阶数选择的方法较多,此处不一一实现,选择信息准则作为指标。

● Hannan-Quinn(HQ)准则:

HQ 准则类似于 AIC,但相比 AIC 更重视对样本量的惩罚,因此在样本量较小时更有效。HQ 值的计算公式为 $HQ = 2K\ln(n) - 2\ln(L)$,其中 n 是样本量。与 AIC 类似,HQ 值越小表示模型对数据的拟合越好,同时考虑了样本量的影响。

● Schwarz(SC)准则:

SC 准则也称为贝叶斯信息准则(BIC),SC 准则在 AIC 的基础上对参数数量的惩罚更严格。SC 值的计算公式为 $SC = K\ln(n) - 2\ln(L)$,其中 n 是样本量。与 AIC 和 HQ 一样,SC 值越小表示模型对数据的拟合越好,同时考虑了参数数量和样本量的影响。

● 最终预测误差准则(FPE):

FPE 准则通过对残差平方和的调整来衡量模型的拟合程度。FPE 值的计算公式为 $FPE = \dfrac{(T+P+1)}{(T-P-1)} | \sum \varepsilon |^2$,其中 T 是观测值的数量,P 是滞后阶数,$\sum \varepsilon$ 是残差的协方差矩阵估计值。FPE 值越小表示模型对数据的拟合越好。

```
varselect <--VARselect( Canada, lag.max = 8, type = "const" )
```

此时会返回在 AIC、HQ、SC、FPE 指标下所选取的阶数,可以根据研究目的进一步选择以哪个信息准则为准。

结果如下:

```
$selection
AIC(n)   HQ(n)   SC(n)   FPE(n)
3        2       1       3
```

在 AIC 及 FPE 准则下,最优阶数皆为 3 阶,故此处选择 3 阶。

5)模型建立

VAR model = vars∷VAR(data2,p = 3,type = " const")

结果如图 6.2—图 6.3 所示。

```
Estimated coefficients for equation e:
========================================
Call:
e = e.l1 + prod.l1 + rw.l1 + U.l1 + e.l2 + prod.l2 + rw.l2 + U.l2 + e.l3 +
prod.l3 + rw.l3 + U.l3 + const

      e.l1      prod.l1      rw.l1       U.l1       e.l2     prod.l2
   1.76191     0.24271    -0.12209     0.41182   -1.00264   -0.07466
      rw.l2        U.l2       e.l3     prod.l3      rw.l3       U.l3
  -0.05343     0.08892     0.74356    -0.04542   -0.01764    0.55871
      const
-448.95684


Estimated coefficients for equation prod:
========================================
Call:
prod = e.l1 + prod.l1 + rw.l1 + U.l1 + e.l2 + prod.l2 + rw.l2 + U.l2 + e.l3
+ prod.l3 + rw.l3 + U.l3 + const

      e.l1   prod.l1     rw.l1      U.l1       e.l2    prod.l2     rw.l2      U.l2
  -0.18077   1.09402   0.06002  -0.83699  -0.31158   -0.18920  -0.19577   0.66533
      e.l3   prod.l3     rw.l3      U.l3     const
   0.51480   0.07336   0.12728   0.32309  -9.57356
```

图 6.2　所得 VAR 模型方程(a)

```
Estimated coefficients for equation rw:
========================================
Call:
rw = e.l1 + prod.l1 + rw.l1 + U.l1 + e.l2 + prod.l2 + rw.l2 + U.l2 + e.l3 +
prod.l3 + rw.l3 + U.l3 + const

      e.l1   prod.l1     rw.l1      U.l1      e.l2    prod.l2     rw.l2      U.l2
   -0.3920   -0.0303    0.9123    0.1952    0.6474   -0.2718   -0.1936   -0.3706
      e.l3   prod.l3     rw.l3      U.l3     const
   -0.1543    0.2479    0.2217    0.0969  -44.9694

Estimated coefficients for equation U:
========================================
Call:
U = e.l1 + prod.l1 + rw.l1 + U.l1 + e.l2 + prod.l2 + rw.l2 + U.l2 + e.l3 +
prod.l3 + rw.l3 + U.l3 + const

      e.l1      prod.l1       rw.l1       U.l1        e.l2     prod.l2
  -0.618476  -0.157085    0.053538    0.412764    0.349337    0.068185
      rw.l2       U.l2        e.l3     prod.l3       rw.l3       U.l3
   0.088963  -0.204287   -0.119453    0.032366   -0.004095   -0.058335
      const
 336.947160
```

图 6.3　所得 VAR 模型方程(b)

将上述结果用矩阵形式表示:

$$
\begin{pmatrix} e_t \\ prod_t \\ rw_t \\ U_t \end{pmatrix} = \begin{pmatrix} -448.96 \\ -9.57 \\ -44.97 \\ 336.95 \end{pmatrix} + \begin{pmatrix} 1.76 & 0.24 & -0.12 & 0.41 \\ -0.18 & 1.09 & 0.06 & -0.84 \\ -0.39 & -0.03 & 0.91 & 0.195 \\ -0.62 & -0.16 & 0.053 & 0.413 \end{pmatrix} \begin{pmatrix} e_{t-1} \\ prod_{t-1} \\ rw_{t-1} \\ U_{t-1} \end{pmatrix} +
$$

$$
\begin{pmatrix} -1.002 & -0.075 & -0.053 & 0.089 \\ -0.31 & -0.19 & -0.196 & 0.665 \\ 0.65 & -0.27 & -0.194 & -0.37 \\ 0.349 & 0.068 & 0.089 & -0.204 \end{pmatrix} \begin{pmatrix} e_{t-2} \\ prod_{t-2} \\ rw_{t-2} \\ U_{t-2} \end{pmatrix} +
$$

$$
\begin{pmatrix} 0.74 & -0.045 & -0.017 & 0.558 \\ 0.515 & 0.073 & 0.127 & 0.32 \\ -0.154 & 0.248 & 0.22 & 0.097 \\ -0.12 & 0.032 & -0.004 & -0.058 \end{pmatrix} \begin{pmatrix} e_{t-3} \\ prod_{t-3} \\ rw_{t-3} \\ U_{t-3} \end{pmatrix}
$$

进一步直观地观察拟合效果。

plot(VAR_model)

就业情况、劳动生产率拟合效果如图 6.4、图 6.5 所示。

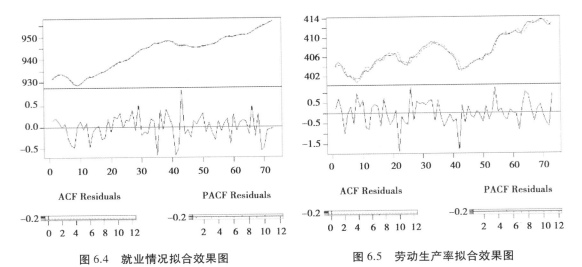

图 6.4　就业情况拟合效果图　　　　图 6.5　劳动生产率拟合效果图

拟合效果图中包括实际值曲线与拟合值虚线,残差曲线及残差的自相关与偏自相关图。

观察图 6.4 的实际值与预测值曲线,二者极为接近,且残差图在 0 值附近波动,其自相关与偏自相关系数均接近 0,说明就业情况信息提取完全,拟合效果较好;观察图 6.5 的实际值与预测值曲线,具体取值虽有所差异,但总体走势基本一致,残差在 0 值附近波动,其自相关与偏自相关系数均接近 0,说明劳动生产率信息提取完全,拟合效果较好。

失业率、实际工资拟合效果如图 6.6、图 6.7 所示。

观察图 6.6 的实际值与预测值曲线,具体取值虽有所差异,但总体走势基本一致,其自相关与偏自相关系数均接近 0,说明失业率数据信息提取完全,拟合效果较好;观察图 6.7 的实际值与预测值曲线,二者极为接近,且残差图在 0 值附近波动,残差在 0 值附近波动,其自相关与偏自相关系数均接近 0,说明实际工资信息提取完全,拟合效果较好。

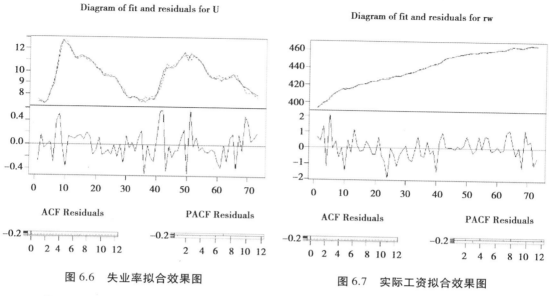

图 6.6　失业率拟合效果图

图 6.7　实际工资拟合效果图

6)模型稳定性检验

```
VAR_model.stabil <- stability(VAR_model, type = "0")
ploI(VAR_model.stabil)
```

检验结果如图 6.8 所示。

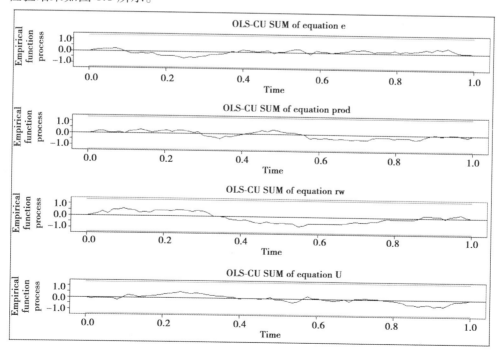

图 6.8　模型稳定性检验结果图

建立模型之后并不能直接进入后续分析,而应该进行模型稳定性检验,确保模型稳定可靠。选择累积残差图进行稳定性检验。观察图 6.8 的稳定性检验结果,上下两条直线的区间为置信区间,各个变量的累积残差曲线在 0 值附近波动,且并未穿过临界值线,表明参数估计相对稳定,可以进行后续的实际应用。

7)预测

```
zp = predict( VAR_model, n.ahead = 8, ci = 0.95)
Plot( zp)
```

预测效果如图 6.9 所示。

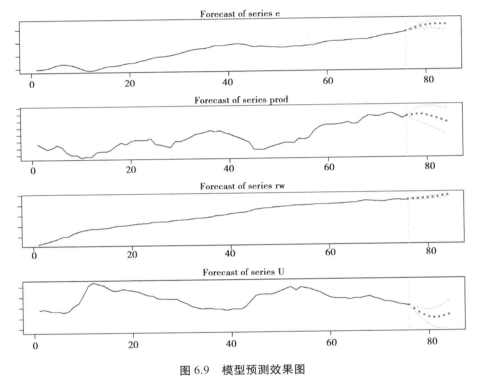

图 6.9　模型预测效果图

图 6.9 预测了 1999—2000 年 8 个季度的相应数值,其中虚线表示 95% 置信区间,空心点构成的线表示预测值。

图 6.9 中就业情况的历史数据表明,其值随时间稳定增长。预测延续这种趋势,表明就业情况未来将以类似速度增长。预测的置信区间逐渐扩大,显示出随着预测时间的增加,不确定性增加。

劳动生产率的历史趋势围绕一个恒定水平波动,但在历史数据的后期出现明显下降。预计在这次下降之后会有轻微反弹,然后趋于稳定。与就业情况相比,预测的置信区间扩大得更明显,显示出预测的不确定性更大。

实际工资的历史数据呈现缓慢上升趋势,但在后期趋于稳定。预测显示这种稳定将持续到未来,呈现轻微的上升趋势。置信区间很窄,表明预测有很高的确定性。

失业率的历史数据波动没有明显趋势,但后期呈现下降趋势。预计会保持下降趋势,然后逐渐回升。与劳动生产率类似,这里的预测置信区间较宽,表明预测的不确定性较高。

8）脉冲响应函数

$$IRF = irf(VAR\_model, response = c('e', 'prod', 'iw', 'U'), n.ahead = 8)$$
$$plot(IRF, col = 'blue')$$

分别给就业情况、失业率、实际工资、劳动生产率一个冲击，预测该模型两年内的反应。就业情况、劳动生产率的脉冲响应图如图 6.10、图 6.11 所示。

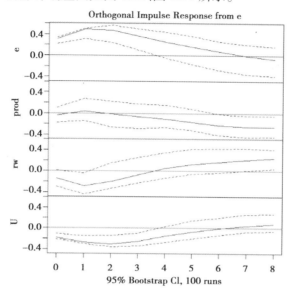

图 6.10 就业情况的脉冲响应图

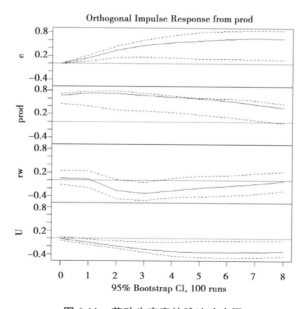

图 6.11 劳动生产率的脉冲响应图

由图 6.10 可知，给就业情况一个正向冲击，所带来的影响总体处于先上升后下降的趋势，随着时间的拉长，影响逐渐减小，直至归零；冲击对劳动生产率的影响有滞后性，在第 2 期之后出现呈上升趋势的负向影响，且影响直至第 8 期也就是两年后依旧存在；实际工资当期立刻发生变化,随着冲击所带来的对就业情况的正向影响的增加,出现呈上升趋势的负向影响,随着冲击所带来的对就业情况的正向影响的减少,出现呈下降趋势的负向影响,第4期后,负向影响转变为逐渐上升的正向影响并逐渐稳定;失业率当期立即发生变化,随着冲击所带来的对就业情况的正向影响的增加,出现呈上升趋势的负向影响,随着冲击所带来的对就业情况的正向影响的减少,出现呈下降趋势的负向影响,在第6期后负向影响转变为正向影响并逐渐稳定。

由图6.11可知,给劳动生产率一个正向冲击,所带来的正向影响总体处于先上升后下降的趋势,随着时间的拉长,影响逐渐减小;对就业情况的影响有滞后性,当期并无变化,在第1期时就业情况有明显上升趋势,随着时间的拉长,影响逐渐稳定,且影响直至第8期也就是两年后依旧存在;对实际工资的影响同样具有滞后性,当期并无变化,在第1期之后实际工资出现下降趋势,随着时间的拉长,影响逐渐减小,直至归零;对失业率的影响同样具有滞后性,当期并无变化,在第1期时失业率出现下降趋势,随着时间的拉长,影响逐渐趋于稳定。

实际工资、失业率的脉冲影响如图6.12、图6.13所示。

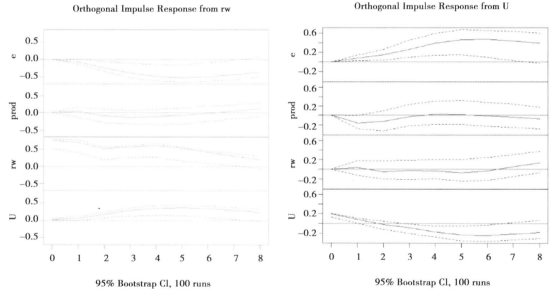

图6.12　实际工资的脉冲响应图　　　　图6.13　失业率的脉冲响应图

由图6.12可知,给实际工资一个正向冲击,随着时间的推移,所带来的影响总体处于下降趋势,随着时间的拉长,影响逐渐减小,但影响直至第8期也就是两年后依旧存在;对就业情况的影响存在滞后性,在第1期后出现呈上升趋势的负向影响,随着时间推移,影响逐渐稳定;对劳动生产率的影响同样具有滞后性,在第2期后呈现下降趋势,随着实际工资冲击所带来的影响逐渐减小,劳动生产率受到的影响也逐渐减小;对失业率的影响同样具有滞后性,在第2期后出现呈上升趋势的正向影响,随着时间的推移,影响逐渐稳定,以缓慢的速度趋向于0。

由图6.13可知,给失业率一个正向冲击,随着时间的推移,所带来的正向影响总体处于下降趋势,随着时间的拉长,正向影响逐渐减小,第2期后,正向影响转变为负向影响并逐渐稳定;冲击对就业情况的影响存在滞后性,第 1 期后出现呈上升趋势的正向影响,随着时间的推移,影响逐渐稳定;冲击对劳动生产率的影响存在滞后性,当期之后出现呈上升趋势的负向影响,第 2 期之后,负向影响逐渐减小并稳定在 0 附近;冲击对实际工资的影响存在滞后性,且第 7 期之前影响多在 0 附近波动,第 7 期后,出现逐步上升的正向影响。

9)方差分解

$$VAR\_fevd = fevd(VAR\_model, n.ahead = 8)$$
$$Plot(VAR\_fevd)$$

结果如图 6.14 所示。

观察图 6.14,在就业情况的变化中,前期大部分的变化都由其本身造成,随着时间的推移,其自身所产生的响应逐渐减小,取而代之的是由于滞后性的影响而逐渐增大的其余变量带给就业情况的影响;在劳动生产率的变化中,整个时期的变化基本都由其自身造成,这也说明其余变量对劳动生产率的影响不大;实际工资的变化也主要由其自身造成;而失业率的变化前期主要由其自身及就业情况造成,后期随着滞后性的影响,各变量均对其造成了不小的影响。

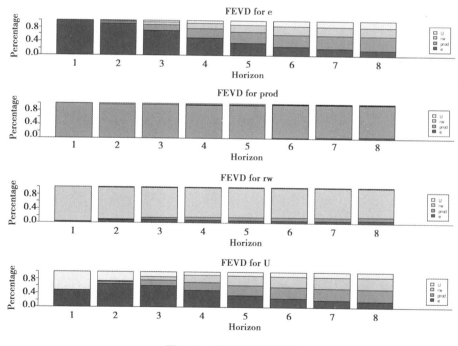

图 6.14　方差分解示意图

6.6　课后习题

1.从中国国家统计局、世界银行网站等各类数据库中自选数据,使用 VAR 模型进行分析,并回答以下问题:

(1)如何确定 VAR 模型的滞后阶数?

(2)如何解释 VAR 模型的系数?

（3）如何进行 VAR 模型的预测？

2.自选数据,使用 VAR 模型进行分析,并回答以下问题：

（1）如何检验 VAR 模型的稳定性？

（2）如何进行 VAR 模型的脉冲响应分析？

（3）如何解释 VAR 模型中的方差分解？

3.自选数据,使用 VAR 模型进行分析,并回答以下问题：

（1）如何进行 VAR 模型的模型诊断？

（2）根据你所拟合的 VAR 模型,解释 X 和 Y 之间的因果关系。哪个变量对另一个变量具有更强的影响？ 为什么？

第7章
基于机器学习的时间序列预测方法 ————————————◎

7.1 "预言家"(Prophet)模型

7.1.1 基本介绍

Prophet 模型使用一个可分解的时间序列模型,主要由趋势项(trend),季节项(seasonality)和假期因素(holidays)组成,最适合具有强烈季节性影响的时间序列和多个季节的历史数据。具体公式如下:

$$y(t) = g(t) + s(t) + h(t) + \epsilon_t \tag{7.1}$$

$g(t)$ 是趋势函数,代表非周期变化的值,$s(t)$ 表示周期性变化(如每周和每年的季节性),$h(t)$ 表示在可能不规律的时间表上发生的假期的影响。误差项 ϵ_t 代表模型不能适应的任何特殊变化,并假设其符合正态分布。Prophet 算法就是通过拟合这几项,然后把它们累加起来就得到了时间序列的预测值。

Prophet 模型具有一定的优点:

①灵活性:可以很容易地适应季节性与多个时期,并让分析师对趋势做出不同的假设。

②缺失处理:与 ARIMA 模型不同的是,测量不需要有规律的间隔,不需要插入丢失的值。

③速度快:拟合非常快,允许分析人员交互式地探索许多模型的特性。

④可解释性较强:预测模型有容易解释的参数。

同时,也具有一定的缺点:

①不适用协变多维序列。Prophet 模型仅仅能够对单个时间序列建模(如某地气温),不能够对协变的多个序列同时建模(如沪深 300 股票走势)。

②无法进行自动化复杂特征抽取。受 Prophet 模型相对简单的假设空间的限制,它无法对输入特征进行交叉组合变换等自动化抽取操作。

7.1.2 趋势项

Prophet 模型实现了两个趋势模型,分别是基于逻辑回归的饱和增长模型和分段线性模型。

(1)基于逻辑回归的饱和增长模型

首先是基于逻辑回归的趋势项:

$$g(t) = \frac{C}{1 + \exp(-k(t - m))} \tag{7.2}$$

C 为承载力,k 为增长率,m 为偏移参数,其实就是 sigmoid 函数乘以最大承载量,即对应 t 时刻的数量,显然随着 t 变大,增长会变缓。

但在业务场景中,有两个重要方面,基于逻辑回归的饱和增长模型没有捕捉到:承载量并不是常数,随着接入互联网的人数增加,天花板也在上升,因此可用一个关于 t 的更大承载量函数来替换常数 C;增长率也不是常数,新产品的发布会带来增长率的变化,因此应为每个转折点(数据序列中突然发生结构性变化或趋势改变的位置或时间点)设定一个增长率调整参数,时刻 t 的增长率即是基础增长率 k 加上到目前为止每个转折点带来的增长率调整参数。相应的补偿参数也需要进行调整以确保突变点的增长率变化后增长与无突变下增长一致,保持函数连续性。也可理解为突变时刻只是起始点,不应该直接发生跳跃,突变效果应该在下一时刻才体现。

假定有 S 个突变时刻,即 $s_j, j = 1, \cdots, S$,定义增长率调整向量 $\boldsymbol{\delta} \in \mathbb{R}^S$,这是一个 S 维向量,即每个元素对应每个突变时刻的增长率调整参数。

定义 S 维向量 $\boldsymbol{a}(t)$,其中元素 $a_j(t) = \begin{cases} 1, \text{if } t \geq s_j \\ 0, \text{otherwise} \end{cases}$ 表示 t 时刻包含哪些已发生的突变点,从而 t 时刻的增长率可以向量化表示为 $k + \boldsymbol{a}(t)^\mathrm{T} \boldsymbol{\delta}$。

第 j 个突变时刻的补偿参数调整值

$$\gamma_j = \left(s_j - m - \sum_{l < j} \gamma_l \right) \left(1 - \frac{k + \sum_{l < j} \delta_l}{k + \sum_{l \geq j} \delta_l} \right) \tag{7.3}$$

最终的增长模型

$$g(t) = \frac{C(t)}{1 + \exp(-(k + \boldsymbol{a}(t)^\mathrm{T} \boldsymbol{\delta})(t - (m + \boldsymbol{a}(t)^\mathrm{T} \boldsymbol{\gamma})))} \tag{7.4}$$

补偿参数调整的计算逻辑(突变点的增长率变化后增长与无突变下增长一致),在 Prophet 模型中,基于逻辑回归的饱和增长模型的调整因子指的是用来调整趋势变化的参数。这个调整因子通常用来捕捉时间序列数据中的非线性增长,并且可以根据数据的特点来调整模型的拟合效果。在基于逻辑回归的饱和增长模型中,调整因子可以影响到增长率的变化,从而更好地拟合数据的增长趋势。

我们希望在转换发生的时间($t = s_j$ 时)连接增长率,即

$$-\left(k + \sum_{l \leq j} \delta_l \right) \left(t - m - \sum_{l \leq j} \gamma_l \right) = -\left(k + \sum_{l < j} \delta_l \right) \left(t - m - \sum_{l < j} \gamma_l \right) \tag{7.5}$$

定义 $\Delta = \sum_{l < j} \delta_l, \Gamma = \sum_{l < j} \gamma_l$,且

$$-(k + \Delta + \delta_j)(s_j - m - \Gamma - \gamma_j) = -(k + \Delta)(s_j - m - \Gamma - \gamma_j) - $$
$$\delta_j(s_j - m - \Gamma - \gamma_j)$$
$$= -(k + \Delta)(s_j - m - \Gamma)$$

整理得到

$$(k + \Delta)\gamma_j + \delta_j \gamma_j = \delta_j(s_j - m - \Gamma), \gamma_j = (s_j - m - \Gamma)\frac{\delta_j}{k + \Delta + \delta_j} \tag{7.6}$$

且

$$\frac{\delta_j}{k + \Delta + \delta_j} = \frac{(k + \Delta) + \delta_j - (k + \Delta)}{k + \Delta + \delta_j} = 1 - \frac{k + \Delta}{k + \Delta + \delta_j}$$

所以

$$\gamma_j = (s_j - m - \Gamma)(1 - \frac{k + \Delta}{k + \Delta + \delta_j})$$ (7.7)

最后只需将 Δ 和 Γ 的值代入式(7.7)即可。

（2）分段线性模型

如果预测问题并没有进入饱和增长阶段,那么模型为分段线性增长模型

$$g(t) = (k + \boldsymbol{a}(\boldsymbol{t})^{\mathrm{T}}\boldsymbol{\delta})t + (m + \boldsymbol{a}(\boldsymbol{t})^{\mathrm{T}}\boldsymbol{\gamma})$$ (7.8)

该模型不依赖承载量 C,直接随时间 t 增长。

7.1.3　案例

本案例使用的数据为 2021—2023 年美国阿肯色州斯图加特站点的每日最高空气温度（以华氏度为单位）,数据来源于美国农业部（USDA）农业研究服务 Dale Bumpers 国家水稻研究中心。

首先,对数据进行预处理,包括数据整理合并、检查重复值、缺失值等。

```
#预处理
library(dplyr)
#读取原始数据文件
data <- read.csv("E:/GARCH 模型/USDA_DAILY_2023.csv")
#选择需要的列(TIMESTAMP 和 Air_Temp_MAX)
selected_data <- select(data, TIMESTAMP, Air_Temp_MAX)
#将选择的数据保存到新文件
write.csv(selected_data, "E:/GARCH 模型/weather_2023.csv", row.names=FALSE)
#读取每个年份的数据文件
data_2021 <- read.csv("E:/GARCH 模型/weather_2021.csv")
data_2022 <- read.csv("E:/GARCH 模型/weather_2022.csv")
data_2023 <- read.csv("E:/GARCH 模型/weather_2023.csv")
#合并数据
combined_data <- bind_rows(data_2021, data_2022, data_2023)
#将合并后的数据保存到新文件
write.csv(combined_data, "E:/GARCH 模型/weather.csv", row.names=FALSE)
combined_data <- read.csv("E:/GARCH 模型/weather.csv")


#检查缺失值
missing_values <- any(is.na(combined_data))
if(missing_values) {
  print("文件中存在缺失值。")
} else {
  print("文件中不存在缺失值。")
}
```

```
#检查重复值
duplicate_rows <- combined_data[duplicated(combined_data), ]

if(nrow(duplicate_rows) > 0) {
  print("文件中存在重复值。")
  #输出前几行重复值的数据
  print(head(duplicate_rows))
} else {
  print("文件中不存在重复值。")
}
```

得到结果为：

[1]"文件中不存在缺失值。"
[1]"文件中不存在重复值。"

需要注意的是，Prophet 模型对数据的要求比较刻板，时间字段必须为时间格式，且字段名为"ds"，数值字段名必须为"y"。

```
library(prophet)
library(dplyr)
library(lubridate)
library(caret)
df <- read.csv("E:/GARCH 模型/weather.csv")
str(df)
#修改字段名
colnames(df) <- c("ds", "y")
df$ds <- as.Date(df$ds, format = "%Y/%m/%d")
```

在建立预测模型之前，需要介绍各类参数的意义，见表7.1。

表7.1 各基本参数的意义

参数	意义
changepoint_range	设置寻找突变点的比例 （默认为0.9，即从前90%的历史数据中学习突变点）
changepoints	设置制定突变点
changepoint_prior_scale	设置拟合跟随性（默认为0.05，值越大拟合的跟随性越好，如果值过大，会有过拟合的风险）
interval_width	设置置信区间（默认为0.8，值越小，上下限的带宽越小）
seasonality_mode	设置模型学习的方式（默认为加法，seasonality_mode='multiplicative'可以设置为乘法，一般情况下，有规律的平稳序列用加法模型，有较大趋势变化的序列可以考虑用乘法模型）
seasonality_prior_scale	设置季度周期性突变的灵活度，值越高越灵活

除以上基本参数之外,Prophet 模型特别好用的地方在于,通过设置内置参数,可调节"年""月""周"等周期性参数,见表 7.2。

表 7.2 周期性参数的意义

参数	意义
yearly_seasonality(=True)	设置年规律拟合(=False 选择关掉)
weekly_seasonality	设置周规律拟合(=False 选择关掉)
daily_seasonality	设置日规律拟合(=False 选择关掉)

天气预测模型建模:

```
library( prophet )
library( dplyr )
library( lubridate )
library( caret )
df <- read.csv( "E:/GARCH 模型/weather.csv" )
str( df )
#修改字段名
colnames( df ) <- c( "ds" , "y" )
df$ds <- as.Date( df$ds , format = "%Y/%m/%d" )


# 创建 Prophet 模型
model <- prophet(
    changepoint.range = 0.8 ,
    changepoint.prior.scale = 0.6 ,
    interval.width = 0.4 ,
    yearly.seasonality = TRUE ,
    seasonality.prior.scale = 11 ,
    weekly.seasonality = FALSE ,
    daily.seasonality = FALSE#TRUE
)


model_fit <- fit.prophet( model , df )
```

预测未来 60 天最高气温:

- periods:设置预测长度
- freq:设置最小时间颗粒

```
#创建未来时间段的数据框
future <- make_future_dataframe( model_fit , periods = 60 , freq = "day" ) #60 天
```

```
#预测未来时间段的数据
forecast <- predict(model_fit, future)
forecast <- forecast[, c("ds", "yhat", "yhat_lower", "yhat_upper")]
```

输出预测结果：

```
>#打印预测结果的最后几行
>tail(forecast)
          ds            yhat         yhat_lower      yhat_upper
1150  2024-02-24     58.83916       54.22632        63.82131
1151  2024-02-25     59.45053       55.00323        63.42831
1152  2024-02-26     60.02014       55.66930        64.18350
1153  2024-02-27     60.54446       55.92241        65.35046
1154  2024-02-28     61.02133       56.33586        64.64726
1155  2024-02-29     61.44997       57.80416        66.04934
```

画出预测结果图：

```
#绘制预测结果
plot(model_fit, forecast)
```

结果如图 7.1 所示。

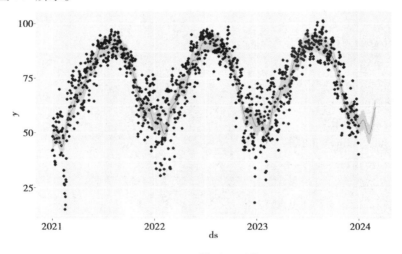

图 7.1　Prophet 模型预测效果图

7.2　梯度提升树(GBM)

7.2.1　基本介绍

　　梯度提升模型 GBM(Gradient Boosting Machine)算法是 Boosting(提升)算法的一种。主要思想是,串行地生成多个弱学习器,每个弱学习器的目标是拟合先前累加模型的损失函数的负梯度,使加上该弱学习器后的累积模型损失往负梯度的方向减少。且它用不同的权重将基学习器进行线性组合,使表现优秀的学习器得到重用。最常用的基学习器为树模型。

Gradient Boosting 还可以将其理解为函数空间上的梯度下降。我们比较熟悉的梯度下降通常是值在参数空间上的梯度下降(如训练神经网络,每轮迭代中计算当前损失关于参数的梯度,对参数进行更新)。而在 Gradient Boosting 中,每轮迭代生成一个弱学习器,这个弱学习器拟合损失函数关于之前累积模型的梯度,然后将这个弱学习器加入累积模型中,逐渐降低累积模型的损失。即参数空间的梯度下降利用梯度信息调整参数,而函数空间的梯度下降利用梯度信息,拟合一个新的函数,从而降低损失。

假设有训练样本 $\{x_i, y_i\}$,$i = 1, \cdots, n$,在第 $k-1(k<n)$ 轮获得的累积模型为 $F_{m-1}(x)$,则第 k 轮的弱学习器 $h(x)$ 可通过下列公式得到:

$$F_k(x) = F_{k-1}(x) + \arg\min_{h \subset H} \mathrm{Loss}(y_i, F_{k-1}(x_i) + h(x_i)) \tag{7.9}$$

即在函数空间 H 中找到一个弱学习器 $h(x)$,使得加入了该弱学习器后,第 k 轮的累积模型 Loss 最小。

已知在 $k-1$ 轮结束后,得到 y 的预测值 $\hat{y} = F_{k-1}(x)$,就可以计算得到损失 $\mathrm{Loss}(y, F_{k-1}(x))$,如果希望加入第 k 轮弱学习器后累积模型的 Loss 最小,根据梯度下降法,第 k 轮弱学习器的拟合损失函数应该沿着累积模型 $F_{k-1}(x)$ 的负梯度方向移动,即第 k 轮弱学习器训练的目标值是累积模型损失函数的负梯度:

$$g_k = -\frac{\partial \mathrm{Loss}(y, F_{k-1}(x))}{\partial F_{k-1}(x)} \tag{7.10}$$

7.2.2　参数说明

以下是部分主要参数的说明:

- n_estimators:指定迭代次数,即决策树的个数。默认为 100。
- learning_rate:指定学习率,用于调整每个决策树的权重。学习率越小,模型越稳定,但需要更多的迭代次数才能达到较好的结果。默认为 0.1。
- max_depth:指定每个决策树的最大深度。默认为 3。
- min_samples_split:指定一个节点在被分割之前所需的最小样本数。默认为 2。
- min_samples_leaf:指定一个叶子节点所需的最小样本数。默认为 1。
- max_features:指定每个节点在进行分割时所考虑的特征数量。默认为 None,表示考虑所有的特征。

7.2.3　案例

此处研究中国台湾地区新北市新店区单位面积房屋价格,数据来源于加州大学欧文分校机器学习存储库。数据共有 7 列,第一列为计数列,不做研究,6 个变量分别是 X1(交易日期),X2(房龄),X3(距离最近的捷运站的距离),X4(便利店的数量),X5(纬度),X6(经度),Y(单位面积房屋价格)。

首先,进行数据的预处理,检查是否有缺失值。

```
library(readxl)
library(gbm)
# 读取数据
data <- read.xlsx("E:\\GARCH 模型\\real+estate+valuation+data+set\\Real estate
valuation data set.xlsx")
# 查看是否存在缺失值
sum(is.na(data))
```

建立回归模型:

```
# 建立回归模型
model <- gbm(Y.house.price.of.unit.area ~ ., data = data, distribution = "gaussian",
n.trees = 1000, interaction.depth = 4, shrinkage = 0.01, cv.folds = 5)
```

代入数值进行预测:

```
new_data <- data.frame("No" = 415,
                       "X1.transaction.date" = 2013.667,
                       "X2.house.age" = 5.0,
                       "X3.distance.to.the.nearest.MRT.station" = 365.18,
                       "X4.number.of.convenience.stores" = 3,
                       "X5.latitude" = 24.9529,
                       "X6.longitude" = 121.56014)    #这些数据为举例说明的
数据,非真实数据

predictions <- predict(model, newdata = new_data, n.trees = 1000)
predictions
```

得到预测的单位面积房屋价格:

```
>predictions
[1] 44.77158
```

7.3 随机森林(Random Forest)

7.3.1 基本介绍

随机森林是一种集成学习方法,它由多个决策树组成。每个决策树都是基于一部分数据集进行训练,然后通过投票或取平均值的方式来进行预测,是一种强大的机器学习算法。可用于时间序列数据预测,通过将时间序列数据转化为监督学习问题,并使用随机森林模型进行拟合和预测。具有鲁棒性强、擅长处理高维数据等优点,但也存在计算复杂度高、难以解释等缺点。在股票价格预测、货币汇率预测、气温预测等应用场景中表现出色。通过合理使用随机森林模型,可以为时间序列数据预测提供有力的支持。

7.3.2 随机森林算法原理

随机森林算法的核心思想是"集成学习",即将固定数量和不同特征的决策树集成起来,使其具有较高的预测性能和鲁棒性。而算法设计的原则是"随机的",即数据子集和决策变量子集的随机性。数据子集的随机性可通过使用有放回抽样方式从原始数据集中选择数据集样本来实现。样本具有重复性,因为每个样本都有可能在随机选择的过程中被多次选择,从而更有可能被包含在不同的子集中。决策变量子集的随机性是通过随机选择决策变量来实现的,这通常称为随机子空间方法。随机森林算法的训练过程是通过构建决策树完成的,直到达到指定的最大树深度或达到停止标准为止。这些停止标准包括树的大小(即叶子节点的数量)、节点最小样本数、分裂阈值和分类误差率等。

假设有 N 个样本,M 个特征可以进行分类任务,每个样本都拥有相应的标记 y_i。然后,建立 T 棵决策树,其中每棵树都是在一个样本子集上随机挑选的,并且在构建每棵树的过程中,只考虑了所有特征的一部分。每一个特征被称为一个自变量,所有自变量可以表示为 $\{x_1, x_2, \cdots, x_m\}$。

对于每一棵树,随机森林算法定义了以下步骤:

①从样本集中通过有放回抽样方式抽取训练集样本。

②从所有自变量中通过无放回抽样方式随机抽取 k 个自变量,其中 $k \ll m$。抽取的自变量集合可以表示为 $\{f_1, f_2, \cdots, f_k\}$。

③基于训练样本和生成的自变量子集构建一棵决策树,使用某种标准衡量特征的重要性,以确定在树中选择第一个分裂节点的特征,以最大化信息增益。

④重复操作 T 次,生成 T 棵决策树。

这种基于样本和特征随机选取的决策树被称为随机决策树,而通过在随机森林中集成多个随机决策树,可获得准确率更高的分类结果。最终,随机森林的分类结果是基于所有决策树的投票结果而计算出的。

7.3.3 随机森林算法步骤

数据准备:收集并整理时间序列数据,确保数据包含时间戳和要预测的目标变量。将数据分为训练集和测试集。

特征工程:针对时间序列数据,可提取一些常见的特征,如滞后特征(lag features)、移动平均值等。这些特征可以帮助模型捕捉时间序列的趋势和周期性。

随机森林模型训练:使用训练集数据,构建随机森林模型。

模型评估:使用测试集数据,评估模型的预测性能。可使用一些指标如均方根误差(RMSE)、平均绝对百分比误差(MAPE)等来评估预测结果与实际值之间的差异。

模型优化:根据评估结果,可以尝试调整模型参数、增加更多特征或者尝试其他算法来优化模型的性能。

7.3.4 RF 代码示例

对某银行某段时期内的收盘价建立随机森林模型。

```
library(randomForest)
data<-read.csv("E:/Download/pufa.csv",header=T)
```

```
split_ratio <0.7
split_index <- floor(nrow(data) * split_ratio)

train_data <- data[1:split_index, ]    # 将前70%的数据作为训练集
test_data <- data[(split_index + 1):nrow(data), ]    # 将后30%的数据作为测试集
# 提取自变量和因变量
train_x <- as.matrix(train_data[, c("date","close","open","high","low")])
train_y <- train_data[, "close"]    # 将训练集中的收盘价作为因变量
test_x <- as.matrix(test_data[, c("date","close","open","high","low")])
print(train_data)
# 构建随机森林模型
rf_model <- randomForest(x=train_x, y=train_y, ntree=100)

# 使用随机森林模型进行预测
predicted_y <- predict(rf_model, newdata=test_x)

# 输出预测结果
predicted_y

library(ggplot2)
results <- data.frame(Actual=test_data$close, Predicted=predicted_y)
# 使用 ggplot 创建折线图
ggplot(results, aes(x=1:nrow(results))) +
  geom_line(aes(y=Actual, color="Actual"), size=0.8) +
  geom_line(aes(y=Predicted, color="Predicted"), size=0.5) +
  xlab("index") +
  ylab("close price") +
  labs(color="Line") +
  scale_color_manual(values=c("Actual"="blue", "Predicted"="red")) +
  ggtitle("") +
  theme_minimal()
```

预测结果如图 7.2 所示。

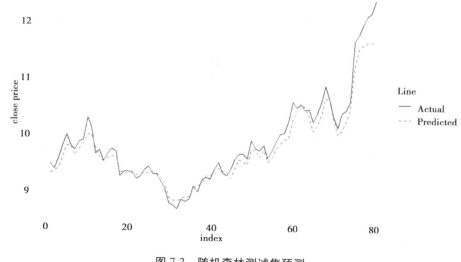

图 7.2　随机森林测试集预测

7.4　BP 神经网络(BPNN)

7.4.1　前馈神经网络算法

BP 神经网络(Back-Propagation Network)是 1986 年被提出的,是一种按误差逆向传播算法训练的多层前馈网络,是目前应用最广泛的神经网络模型之一,用于函数逼近、模型识别分类、数据压缩和时间序列预测等。

BP 神经网络又称为反向传播神经网络,它是一种有监督的学习算法,具有很强的自适应、自学习、非线性映射能力,能较好地解决数据少、信息贫、不确定性问题,且不受非线性模型的限制。由输入层、隐含层和输出层组成。层与层之间采用全互连方式,同一层之间不存在相互连接,隐含层可以有一个或多个。构造一个 BP 神经网络需要确定其处理单元——神经元的特性和网络的拓扑结构。神经元是神经网络最基本的处理单元,隐含层中的神经元采用 S 型激活函数,输出层的神经元可采用 S 型或线性型激活函数。该网络的主要特点是信号向前传递,误差反向传播。在向前传递中输入信号从输入层经隐含层逐层处理,直至输出层,每一层的神经元状态只影响下一层的神经元状态。如果输出层得不到期望输出,则再反向传播,根据预测误差调整网络权重和阈值,从而使 BP 神经网络预测输出不断逼近期望输出。

7.4.2　误差逆向传播算法公式

给定数据集 $D = \{(x_1, y_1), (x_2, y_2), \cdots, (x_m, y_m)\}$, $x_i \in \Re^d, y_i \in \Re^l$,即输入样例由 d 个属性描述,输出样例为 l 维实值向量。图 7.3 给出一个拥有 d 个输入神经元、l 个输出神经元、q 个隐含层神经元的多层前反馈神经网络。其中输出层第 j 个神经元的阈值用 θ_j 表示,隐含层第 h 个神经元的阈值用 γ_h 表示。输入层第 i 个神经元与隐含层第 h 个神经元之间的连接权为 v_{ih},隐含层第 h 个神经元与输出层第 j 个神经元之间的连接权为 w_{hj}。

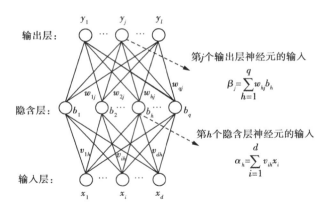

图 7.3 多层前反馈神经网络

对训练集 (x_k, y_k)，假定神经网络的输出为 $\widehat{y}_j^k = (\widehat{y}_1^k, \widehat{y}_2^k, \cdots, \widehat{y}_l^k)$，即

$$\widehat{y}_j^k = f(\beta_j - \theta_j) \tag{7.11}$$

则网络在 x_k, y_k 上的均方误差为

$$E_k = \frac{1}{2} \sum_{j=1}^{l} (\widehat{y}_j^k - y_j^k)^2 \tag{7.12}$$

故在上图网络中共有 $(d+l+1)q+l$ 个参数。BP 神经网络是一个迭代学习算法，在迭代的每一轮中采用广义感知机学习规则对参数进行更新估计，任意参数 v 的更新估计式为

$$v \leftarrow v + \Delta v \tag{7.13}$$

以图 7.3 的 BP 神经网络中隐含层到输出层的连接权 w_{hj} 为例进行推导：

BP 算法基于梯度下降法，以目标的负梯度方向对参数进行调整，对误差 E_k，给定学习率 η，有

$$\Delta w_{hj} = -\eta \frac{\partial E_k}{\partial w_{hj}} \tag{7.14}$$

我们注意到 w_{hj} 先影响到第 j 个输出层神经元的输入值 β_j，再影响到输出值 $\widehat{y}_j^k$，最终影响到 E_k，有

$$\frac{\partial E_k}{\partial w_{hj}} = \frac{\partial E_k}{\partial \widehat{y}_j^k} \cdot \frac{\partial \widehat{y}_j^k}{\partial \beta_j} \cdot \frac{\partial \beta_j}{\partial w_{hj}}, \frac{\partial \beta_j}{\partial w_{hj}} = b_h \tag{7.15}$$

又因为 sigmoid 函数有一个很好的数学性质，即

$$f'(x) = f(x)(1 - f(x)) \tag{7.16}$$

根据式（7.11）和式（7.12），有

$$\begin{aligned} g_j &= -\frac{\partial E_k}{\partial \widehat{y}_j^k} \cdot \frac{\partial \widehat{y}_j^k}{\partial \beta_j} \\ &= -(\widehat{y}_j^k - y_j^k)f'(\beta_j - \theta_j) \\ &= \widehat{y}_j^k(1 - \widehat{y}_j^k)(y_j^k - \widehat{y}_j^k) \end{aligned} \tag{7.17}$$

将式（7.16）和式（7.17）代入式（7.15）中有

$$\frac{\partial E_k}{\partial w_{hj}} = g_j \cdot b_h \tag{7.18}$$

再将式(7.18)代入式(7.14)中,得到 BP 算法中关于 w_{hj} 的更新公式

$$\Delta w_{hj} = -\eta g_j b_h$$

同理可得

$$\Delta \theta_j = -\eta g_j$$
$$\Delta v_{ih} = \eta e_h x_i$$
$$\Delta \gamma_h = -\eta e_h$$

其中

$$e_h = -\frac{\partial E_k}{\partial b_h} \cdot \frac{\partial b_h}{\partial \alpha_h} = b_h(1 - b_h) \sum_{j=1}^{l} w_{hj} g_j$$

b_h 是隐含层神经元的输出,$b_h = f(\alpha_h - \gamma_h)$,$\gamma_h$ 是隐含层神经元的阈值,α_h 是神经元的输入。直到将所有参数调整至累计误差最小为止,即

$$E_{\min} = \frac{1}{m} \sum_{k=1}^{m} E_k$$

7.4.3　示例代码

对某银行某段时期内的收盘价进行预测:

```
data.ts<-as.ts(data$close)
data.zoo<-as.zoo(data.ts)
x.data<-list()
for(j in 1:31){
    var.name<-paste("x.lag.",j)
    x.data[[var.name]]<-Lag(data.zoo,j)
}
final.data<-na.omit(data.frame(x.data,Y=data.zoo))
head(final.data)
library(nnet)
set.seed(123)    # 设置随机种子,以确保结果可重现
train_indices <- sample(1:nrow(final.data), 0.8 * nrow(final.data))    # 80%的数据
作为训练集
train_data <- final.data[train_indices, ]
test_data <- final.data[-train_indices, ]


# 构建神经网络模型
model_formula <- as.formula("Y ~ .")
nnet_model <- nnet::nnet(model_formula, train_data, size=30, linout=TRUE)
# 在测试集上进行预测
predictions <- predict(nnet_model, test_data)
```

```
# 计算均方误差(MSE)
mse <- mean((predictions - test_data$Y)^2)
print(paste("均方误差(MSE):", mse))

library(ggplot2)
results <- data.frame(Actual = test_data$Y, Predicted = predictions)
ggplot(results, aes(x = 1:nrow(results))) +
  geom_line(aes(y = Actual, color = "Actual"), size = 1) +
  geom_line(aes(y = Predicted, color = "Predicted"), size = 1) +
  xlab("Index") +
  ylab("Value") +
  labs(color = "Line") +
  scale_color_manual(values = c("Actual" = "blue", "Predicted" = "red")) +
  ggtitle("Actual vs. Predicted") +
  theme_minimal()
# 计算预测误差
prediction_errors <- predictions - test_data$Y
# 绘制预测误差图
plot(prediction_errors, type = "o", lwd = 1.5, col = "blue", xlab = "Observation", ylab = "
Prediction Error", main = "BP 神经网络测试集的预测误差")
```

通过构建 BP 神经网络模型进行预测,将预测值和实际值进行比较,可以看出预测效果还不错(图 7.4),同时图 7.5 显示了该模型在测试集上的预测误差。

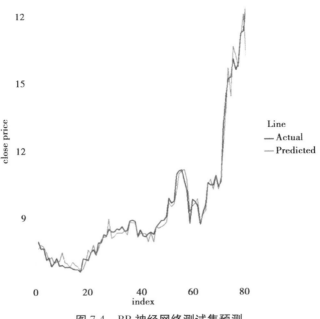

图 7.4　BP 神经网络测试集预测

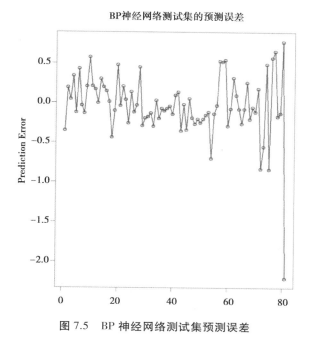

图 7.5　BP 神经网络测试集预测误差

7.5　LSTM(长短时记忆网络)

7.5.1　LSTM 重要知识和算法

LSTM(长短期记忆网络)是一种特殊的 RNN 结构,具有更强的记忆性和处理长期依赖关系的能力。LSTM 引入了 3 个门控单元,输入门、遗忘门和输出门,以及一个细胞状态来存储并传递信息。这些门控单元通过自适应地、选择性地更新和重置隐藏状态,从而控制信息的流动。LSTM 的核心是通过门控单元来控制信息的流动和保存长期记忆,从而有效地解决了传统 RNN 难以处理长期依赖关系的问题。总的来说,LSTM 是一种特殊的 RNN 结构,它引入了门控机制和细胞状态,能够有效地捕捉长期依赖关系,提高了在序列数据处理中的准确性和效果。

7.5.2　LSTM 与 RNN 的关系

LSTM(长短时记忆)和 RNN(循环神经网络)都是深度学习中常用的模型之一。

RNN 是一种递归神经网络,它在处理序列数据时非常有用。它的设计使得当前时刻的输出不仅取决于当前时刻的输入,还与之前时刻的输出相关联。这种设计使得 RNN 在处理时间序列数据时非常有用,如语音识别、文本生成和股票预测等。

然而,RNN 也存在一些问题,最主要的是梯度消失/爆炸问题。这种问题的出现是由于 RNN 将先前时刻的信息传递给后续时刻,导致在反向传播过程中梯度被重复乘以权重,因此可能会变得非常小或非常大。这会导致模型无法学习长时间间隔的依赖关系。

为了解决这个问题,LSTM 模型被提出。LSTM 是一种特殊类型的 RNN,它包含一个称为 LSTM 单元的特殊单元。LSTM 单元有 3 个门控单元,分别是遗忘门、输入门和输出门。

这些门控单元允许模型选择保留或舍弃之前的信息,从而解决了梯度消失/爆炸问题。

LSTM 以其出色的长期依赖建模能力而闻名。它在处理时间序列数据时非常有用,并已应用于许多领域,如语音识别、自然语言处理、股票预测和机器翻译等。

7.5.3 LSTM 算法公式

LSTM 是一种特殊的 RNN 结构,通过引入门控机制来更好地捕捉长期依赖关系,解决了传统 RNN 训练长序列数据时的梯度消失和梯度爆炸问题。LSTM 的计算过程如下所述。

(1)遗忘门

$$f(t) = \sigma(W_f[h(t-1), x(t)] + b_f) \tag{7.19}$$

(2)输入门

$$i(t) = \sigma(W_i[h(t-1), x(t)] + b_i) \tag{7.20}$$

(3)候选记忆细胞

$$\widetilde{C}(t) = \tanh(W_C[h(t-1), x(t)] + b_C) \tag{7.21}$$

(4)更新记忆细胞

$$C(t) = f(t) * C(t-1) + i(t) * \widetilde{C}(t) \tag{7.22}$$

(5)输出门

$$o(t) = \sigma(W_o[h(t-1), x(t)] + b_o) \tag{7.23}$$

(6)隐藏状态

$$h(t) = o(t) * \tanh(C(t)) \tag{7.24}$$

其中,σ 表示 sigmoid 激活函数,$*$ 表示逐元素相乘。在 LSTM 中,通过遗忘门、输入门和输出门的控制,网络可以选择性地记忆或遗忘输入数据,从而更好地处理长序列数据。

7.5.4 LSTM 图解

LSTM 图示及其符号如图 7.6、图 7.7 所示。

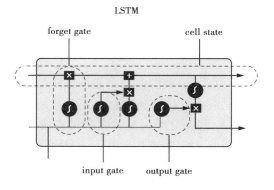

图 7.6 LSTM 图示

LSTM 的核心是细胞状态(cell state),细胞状态类似于传送带,直接在整个链上运行,只有一些少量的线性操作,信息在上面流转时保持不变会很容易。

图 7.7　LSTM 图示符号

事实上整个 LSTM 分成了 3 个部分：

①哪些细胞状态应该被遗忘——遗忘门。

②哪些新的状态应该被加入——输入门。

③根据当前的状态和现在的输入，输出应该是什么——输出门。

7.5.5　LSTM 示例代码

（1）示例代码一

```
library(keras)
    # 创建一个简单的 LSTM 模型
model <- keras_model_sequential() %>%
  layer_lstm(units=50, input_shape=c(1, 1)) %>%
  layer_dense(units=1)
# 编译模型
model %>% compile(
  loss='mean_squared_error',
  optimizer=optimizer_adam()
)


# 生成一些训练数据
x_train <- array(1:100, dim=c(100, 1, 1))
y_train <- 2 * x_train


# 训练模型
model %>% fit(x_train, y_train, epochs=10, batch_size=1)


# 使用模型进行预测
x_test <- array(101:110, dim=c(10, 1, 1))
predictions <- model %>% predict(x_test)


# 打印预测结果
print(predictions)
```

输出结果如图 7.8 所示。

图 7.8 表示模型在训练过程中损失值（loss）随着训练轮数（epochs）的变化情况。在代

码中,通过调用 fit 函数对模型进行训练时,模型会在每个训练轮数结束后计算损失值,并将损失值记录下来。

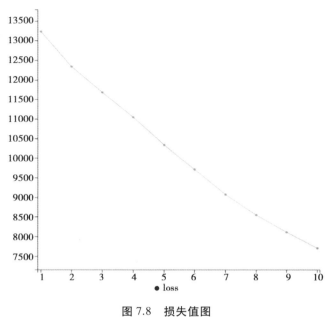

图 7.8 损失值图

在图 7.8 中,纵轴通常代表损失值,横轴代表训练轮数。随着训练的进行,损失值应该逐渐减小,表示模型在学习过程中逐渐收敛。图中的损失值呈现出逐渐减小并趋于稳定的趋势,表示模型的训练效果较好。

(2)示例代码二

```
library(keras)
library(tidyverse)
zsyh_pd163 <- md_stock("600519", from ='2021-03-07', to ='2024-03-07', source
='"163", adjust = NULL)
# 数据预处理
dd <- zsyh_pd163[[1]] %>%
    as_tibble() %>%
    select(date, open)
zsyh_pd163_tidy <- zsyh_pd163[[1]] %>%
    as_tibble() %>%
    select(date, open) %>%
    mutate(open = scale(open)) # 标准化

# 划分训练集和测试集
    train_size <- floor(nrow(zsyh_pd163_tidy) * 0.8)
train <- zsyh_pd163_tidy[1:train_size, ]
test <- zsyh_pd163_tidy[(train_size + 1):nrow(zsyh_pd163_tidy), ]
```

```r
# 构建 LSTM 模型
model <- keras_model_sequential( ) %>%
layer_lstm( units = 50, input_shape = c( 1, 1 ) ) %>%
layer_dense( units = 1 )


summary( model )

model %>% compile(
    loss = 'mean_squared_error',
    optimizer = optimizer_adam( ),
    metrics = 'mean_absolute_error'
)


#模型训练
history <- model %>% fit(
    x = array( train$open, dim = c( nrow( train ), 1, 1 ) ),
    y = train$open,
    epochs = 100,
    batch_size = 32,
    verbose = 1,
    validation_data = list(
        x = array( test$open, dim = c( nrow( test ), 1, 1 ) ),
        y = test$open
    )
)


# 预测未来值
future_dates <- seq( as.Date( '2023-08-08' ), by = '1 day', length.out = 200 )
future_data <- data.frame( date = future_dates, open = rep( 0, 200 ) )

for( i in 1:nrow( future_data ) ) {
    x <- array( future_data$open[ ( i - 1 ):i ], dim = c( 1, 1, 1 ) )
    future_data$open[ i ] <- predict( model, x )
}

# 反标准化
original_mean <- mean( dd$open )
original_sd <- sd( dd$open )
future_data$open <- ( future_data$open * original_sd ) + original_mean
```

```
# 绘制预测结果
ggplot( ) +
    geom_line( data = dd, aes( x = date, y = open), color = 'blue') +
    geom_line( data = future_data, aes( x = date, y = open), color = 'red') +
    labs( title = 'Predicted opening prices of 贵州茅台 stock', y = 'open price', x = 'Date') +
theme_classic( )
```

输出结果如图 7.9—图 7.11 所示。

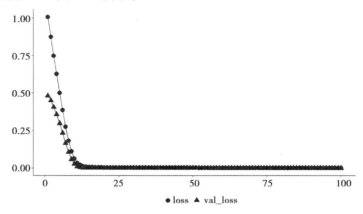

图 7.9　损失值变化图

在图 7.9 中,用圆连接的曲线(loss)表示模型在训练集上的损失值变化情况。该值反映了模型在训练数据上的拟合程度。理想情况下,随着训练的进行,训练集上的损失值应该逐渐减小。用三角符号连接的曲线(val_loss)表示模型在验证集上的损失值变化情况。该值用于评估模型在未见过的数据上的泛化能力,如果在训练过程中验证集的损失值开始上升,可能意味着模型出现了过拟合。从图 7.9 可知当模型的损失值和验证集的损失值逐渐减少并稳定重合时,通常表示模型已经成功地学习了数据的特征,并能够对新数据做出准确的预测。

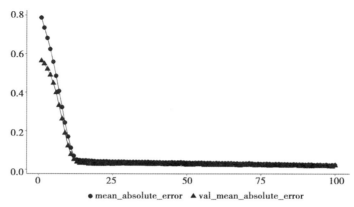

图 7.10　平均绝对误差变化图

在图 7.10 中,用圆连接的曲线(mean_absolute_error)表示模型在训练集上的平均绝对误差的变化情况。该指标越小越好,表示模型在训练数据上的预测精度越高。用三角符号连接的曲线(val_mean_absolute_error)表示模型在验证集上的平均绝对误差的变化情况。和训练集类似,该指标也应该尽可能小,以确保模型在未见过的数据上也能够准确预测。当这两条曲线逐渐减小并最终稳定重合时,表示模型在训练集和验证集上的平均绝对误差都在逐渐减小,并且模型在训练过程中表现良好,具备较好的泛化能力。

图7.11可以清晰地看到利用训练好的模型对未来200天的贵州茅台股票开盘价的预测曲线和真实的股票开盘价曲线,对比发现预测曲线跟实际曲线趋势大致相符,说明模型的准确度还是不错的。

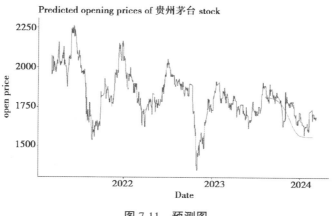

图 7.11 预测图

7.5.6 练习题

假设你是一家电力公司的数据科学家,希望使用 LSTM 来预测下个月的电力需求,请自行收集数据。假设你已经收集了过去几年每日的电力需求数据,请具体使用 LSTM 来进行预测。

7.6 RNN(递归神经网络)

7.6.1 RNN 基础知识

RNN(循环神经网络)是一种具有循环连接的神经网络结构,可以对序列数据进行建模和预测。在 RNN 中,每个时间步的输入和上一时间步的输出共同构成当前时间步的输入。这种循环连接使得 RNN 能够保持记忆并利用之前的信息来影响当前的输出。然而,传统的RNN 存在难以处理长期依赖关系的问题,即随着时间步数的增加,隐状态中包含的历史信息衰减得非常快,导致网络无法捕捉到长期的依赖关系。

7.6.2 RNN 算法公式

RNN 是一种具有循环连接的神经网络,其隐藏层的状态可以通过时间步长进行传递,用于处理序列数据。在 RNN 中,假设当前时间步的输入为 $\boldsymbol{x}(t)$,隐藏层状态为 $\boldsymbol{h}(t)$,输出为 $\boldsymbol{y}(t)$,则 RNN 的计算过程可以表示为

$$\boldsymbol{h}(t) = \tanh(\boldsymbol{W}_{hh}\boldsymbol{h}(t-1) + \boldsymbol{W}_{xh}\boldsymbol{x}(t) + \boldsymbol{b}_h) \tag{7.25}$$

$$y(t) = \text{softmax}(W_{hy}h(t) + b_y) \qquad (7.26)$$

其中，W_{hh} 和 W_{xh} 分别表示隐藏层状态的权重矩阵，W_{hy} 表示输出层权重矩阵，b_h 和 b_y 分别表示隐藏层和输出层的偏置，tanh 表示双曲正切激活函数，softmax 表示输出层的激活函数。

7.6.3　RNN 图解

RNN 图示如图 7.12 所示。

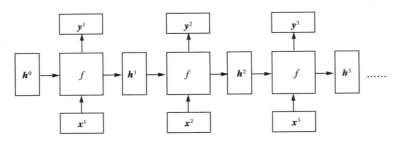

图 7.12　RNN 图示

其中：

①x 为当前状态的输入；

②h^0 表示接收到的上一个节点网络的输入；

③y 为当前节点状态的输出；

④h^1 为传递到下一个节点网络的输出，h^0 和 h^1 是具有相同维度的向量；

⑤f 是各个节点网络所共享的。

由图 7.12 可知，输出 h^1 与 x 和 h^0 的值相关，y 一般使用 h^1 送入到一个线性层，再使用 softmax 激活函数进行分类，得到输出值。

7.6.4　RNN 示例代码

（1）RNN 示例代码一

```
library(keras)
# 创建一个简单的 RNN 模型
model <- keras_model_sequential() %>%
    layer_simple_rnn(units=50, input_shape=c(10,1)) %>%
    layer_dense(units=1)
# 编译模型
model %>% compile(
    loss='mean_squared_error',
    optimizer=optimizer_adam()
)

# 生成一些训练数据
```

```
x_train <- array(runif(1000), dim=c(100, 10, 1))
y_train <- 2 * x_train[, 1, 1] + 3 * x_train[, 2, 1]

# 训练模型
model %>% fit(x_train, y_train, epochs=10, batch_size=1)

# 使用模型进行预测
x_test <- array(runif(100), dim=c(10, 10, 1))
predictions <- model %>% predict(x_test)

# 打印预测结果
print(predictions)
```

通过观察图 7.13 的变化,可以判断模型在训练过程中是否收敛,以及模型的训练进展如何。图 7.13 的曲线趋于平缓且收敛到一个较小的数值,可以认为模型在训练数据上达到了较好的拟合效果。

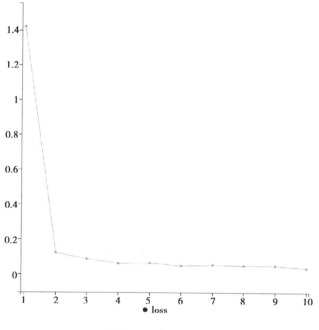

图 7.13　损失值图

(2) RNN 示例代码二

```
# 导入所需库
library(keras)
library(tidyverse)
# 数据预处理
```

```
zsyh_pd163 <- md_stock("600519", from='2021-03-07', to='2024-03-07', source
="163", adjust=NULL)
dd <- zsyh_pd163[[1]] %>% as_tibble() %>% select(date, open)
zsyh_pd163_tidy <- zsyh_pd163[[1]] %>% as_tibble() %>% select(date, open) %
>% mutate(open=scale(open))

# 划分训练集和测试集
train_size <- floor(nrow(zsyh_pd163_tidy) * 0.8)
train <- zsyh_pd163_tidy[1:train_size, ]
test <- zsyh_pd163_tidy[(train_size + 1):nrow(zsyh_pd163_tidy), ]

# 构建 RNN 模型
model <- keras_model_sequential() %>%
  layer_lstm(units=50, input_shape=c(1, 1)) %>%
  layer_dense(units=1)

model %>% compile(
  loss='mean_squared_error',
  optimizer=optimizer_adam(),
  metrics='mean_absolute_error'
)

#模型训练
history <- model %>% fit(
  x=array(train$open, dim=c(nrow(train), 1, 1)),
  y=train$open,
  epochs=100,
  batch_size=32,
  verbose=1,
  validation_data=list(
    x=array(test$open, dim=c(nrow(test), 1, 1)),
    y=test$open
  )
)

# 预测未来值
future_dates <- seq(as.Date('2023-08-08'), by='1 day', length.out=200)
future_data <- data.frame(date=future_dates, open=rep(0, 200))
```

```
for( i in 1:nrow(future_data)) {
    x <- array(future_data$open[(i - 1):i], dim=c(1, 1, 1))
    future_data$open[i] <- predict(model, x)
}


# 反标准化
original_mean <- mean(dd$open)

original_sd <- sd(dd$open)

future_data$open <-(future_data$open * original_sd) + original_mean


# 绘制预测结果
ggplot() +
    geom_line(data=dd, aes(x=date, y=open), color='blue') +
    geom_line(data=future_data, aes(x=date, y=open), color='red') +
    labs(title='Predicted opening prices of 贵州茅台 stock', y='open price', x='Date') +
theme_classic()
```

输出结果如图 7.14—图 7.16 所示。

在图 7.14 中,用圆连接的曲线(loss)表示模型在训练集上的损失值变化情况。该值反映了模型在训练数据上拟合的程度,理想情况下,随着训练的进行,训练集上的损失值应该逐渐减小。用三角符号连接的曲线(val_loss)表示模型在验证集上的损失值变化情况。该值用于评估模型在未见过的数据上的泛化能力,如果在训练过程中验证集的损失值开始上升,可能意味着模型出现了过拟合。从图 7.14 可以看见当模型的损失值和验证集的损失值逐渐减少并稳定重合时,通常表示模型已经成功地学习了数据的特征,并能够对新数据做出准确的预测。

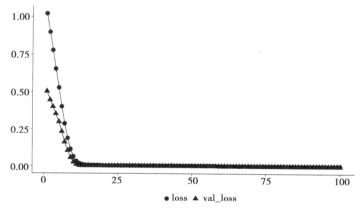

图 7.14 损失值变化图

在图 7.15 中,用圆连接的曲线(mean_absolute_error)表示模型在训练集上的平均绝对误差的变化情况。该指标越小越好,表示模型在训练数据上的预测精度越高。用三角符号连接的曲线(val_mean_absolute_error)表示模型在验证集上的平均绝对误差的变化情况。和训练集类似,该指标也应该尽可能小,以确保模型在未见过的数据上也能够准确预测。当这两条曲线逐渐减小并最终稳定重合时,表示模型在训练集和验证集上的平均绝对误差都在逐渐减小,并且模型在训练过程中表现良好,具备较好的泛化能力。

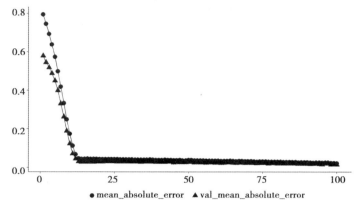

图 7.15　平均绝对误差变化图

　　从图 7.16 可以清晰地看到利用训练好的模型对未来 200 天的贵州茅台股票开盘价的预测曲线和真实的股票开盘价曲线,对比发现预测曲线跟实际曲线趋势大致相符,但与图 7.11 LSTM 的预测图对比发现,明显 LSTM 的预测效果更好。

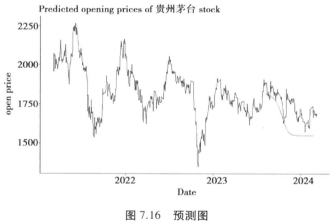

图 7.16　预测图

7.7　练习题

　　假设你是一家电商平台的数据科学家,希望利用 RNN 来进行用户行为序列的预测。请说明你将如何设计和训练一个 RNN 模型来预测用户下次购买的产品类别。

第8章
混沌时间序列预测 ·· ◎

吸引子是指非线性系统最终形成的运动形态在相空间中的不变流行或点集。在动力学中，也可以认为如果一个动力系统有朝某个稳态发展的趋势，这个稳态就被称为吸引子。同时如果这个态似乎是非周期、随机、难以预测的，那这个态就被称为奇异吸引子。

奇异吸引子最早是 1963 年 Lorenz 在研究大气对流时引入的概念，从二维的热对流运动偏微分方程出发，经过 Fourier 分解，截断并无量纲化得到一组三阶常微分方程，进行迭代计算就可以得到三维的空间奇异吸引子。

$$\frac{\mathrm{d}x}{\mathrm{d}t} = \sigma(y - x)$$

$$\frac{\mathrm{d}y}{\mathrm{d}t} = rx - y - xz$$

$$\frac{\mathrm{d}z}{\mathrm{d}t} = -bz + xy$$

相空间重构法是根据有限的数据来重构吸引子以研究系统动力行为的方法，其基本思想是：系统中任一分量的演化都是由与之相互作用着的其他分量所决定的，因此这些相关分量的信息就隐含在任一分量的发展过程中，为了重构一个等价的状态空间，只需考察一个分量，并将它在某些固定的时间延迟点上的测量作为新维处理，它们确定某个多维状态空间中的一点。重复这一过程并测量相对于不同时间的各延迟量就可以产生出许多这样的点，它可以将吸引子的许多性质保存下来，即用系统的一个观察量可以重构出原动力系统模型，可以初步确定系统的真实相空间的维数。

进行相空间重构有两个关键的参数：延迟时间 τ 和嵌入维数 d。

延迟时间的确定比较常用的方法主要有自相关法、平均位移法、复自相关法和互信息法等。目的是使原时间序列经过时间延迟后可作为独立坐标使用。

自相关法本质上是一个线性的概念，适用于判断线性相关性，而混沌系统是一个非线性系统，因此 Fraser 和 Swinney 提出了用互信息法来判断系统的非线性相关性。

R 语言中 nonlinearTseries 包里的 timeLag 函数可用于选择延迟时间 tau。

参数 technique = "acf" 时，表示用自相关法，此时参数 selection.method 选择默认。

参数 technique = "ami"，表示用互信息法，此时参数 selection.method = "first.minimum"。

嵌入维数 d 的确定比较常用的方法主要有几何不变量法、虚假最邻近点法和伪最近邻点的改进方法——Cao 方法，目的是使原始吸引子和重构吸引子拓扑等价。选择适合的嵌入维数，既能保证准确计算各种混沌不变量，又能尽量降低计算量和噪声的影响。

嵌入维数 d 可用 estimateEmbeddingDim( ) 函数，此时使用 Cao 方法确定维数：

estimateEmbeddingDim(data , time.lag = tau , do.plot = F , max.embedding.dim = 20) tseriesChaos 包中的 false.nearest( )函数使用伪近邻方法确定嵌入维数:

false.nearest(data,m=max.m,d=tau,t=150,eps=sd(data)/10)

8.1 计算混沌特征的参数

判断一个系统是否存在混沌现象,即是否有奇异吸引子,常见的有两种方法,一种是判断系统对初始条件的依赖性是否十分敏感,另一种是判断系统相空间中的吸引子是否具有自相似结构的分数维几何体。在实际问题中,对于具有混沌特性的复杂系统,通常可以用一些不变量来刻画该系统的复杂程度。复杂系统的吸引子具有关联维数、正的 Kolmogorov 熵及正的最大 Lyapunov 指数,这些都是判断系统是否为混沌的必要条件,但不是充分条件。其中关联维数是系统复杂程度的一种很好的度量,而 Lyapunov 指数度量了复杂系统的预测性,定量地刻画了对初始条件的敏感依赖性。

8.1.1 关联维数

由于混沌系统具有某种意义上的自相似性,因此对吸引子的描述通常采用分形几何学的方法,其中最有代表性的是关联维数,它能够定量地描述事物内部结构和复杂程度。求解关联维数的算法有 G-P 算法。

混沌系统的关联维数为一个正的分数,不同的值对应不同的系统状态;若 $D=1$,系统做周期运动;若 $D=2$,系统做准周期运动;若 $D>2$ 或不为整数,系统做混沌运动。

8.1.2 Lyapunov 指数

Lyapunov 指数是刻画奇异吸引子性质的一种测度和统计量。它可以定量地描述混沌运动对初始值极为敏感的现象。在一维离散映射 $x_{n+1}=F(x_n)$ 中,经过 n 次迭代后

$$\varepsilon e^{n\lambda(x_0)} = |F^n(x_0+\varepsilon)-F^n(x_0)| \tag{8.1}$$

取极限 $\varepsilon\to 0,n\to\infty$,可知初始点的差异经过 n 次迭代后被放大的程度取决于 Lyapunov 指数。而针对系统的运动轨道而言,在 m 维离散系统中存在 m 个 Lyapunov 指数,对应的指数表明在该维方向上,系统运动轨道迅速分离,长时间行为对初始条件敏感,系统的运动是混沌的;若最大的 Lyapunov 指数 $\lambda_{max}>0$,则该系统一定是混沌的。

8.1.3 Kolmogorov 熵

Kolmogorov 熵(简称"K 熵")是表征系统混乱和无序程度的重要参数,它代表了系统信息的损失程度。考虑一个 n 维动力系统,将它的相空间分割成一个个边长为 ε 的 n 维立方体盒子,对于状态空间的一个吸引子和一条落在吸引域中的轨道 $x_{(t)}$,取时间间隔为一很小量 τ,令 $p(i_0,i_1,\cdots,i_d)$ 表示在起始时刻系统轨道在第 i_0 个格子中,$t=\tau$ 时在第 i_1 个格子中,$\cdots$,$t=d\,\tau$ 时在第 i_d 个格子中的联合概率,此时 K 熵定义为

$$K_2 = -\lim_{\tau\to 0}\lim_{\varepsilon\to\infty}\lim_{d\to 0}\frac{1}{d\,\tau}\sum_{i_0\cdots i_d}p(i_0\cdots i_d)\ln p(i_0\cdots i_d) \tag{8.2}$$

与关联维数的计算方法相同,K 熵同样用回归的方法计算。K 熵的不同值对应着不同的系统状态:$K=0$,系统做周期运动;$K>0$,系统做混沌运动;$K\to\infty$,系统做随机运动。

8.2 混沌时间序列预测

混沌时间序列预测是一种新型的非线性系统预测理论,研究如何由时间序列通过相空间重构,从另一维度和视角来探索系统及其中蕴藏的规律,并给出未来走势,适用于那些总体呈现确定性,但又具有某种程度随机性的复杂系统。

混沌时间序列预测的基本思路是构造一个非线性映射来近似地还原系统,而这一非线性映射就是我们要建立的预测模型。其预测思路基于两类:一类基于单变量自回归,即预测对象的未来行为主要由其历史行为决定;另一类基于多变量回归,即预测对象的未来行为取决于其他主导对象的当前或过去的行为,也就是说取决于另一个或多个时间序列。

8.2.1 延迟时间与嵌入维数计算

为了更加全面地揭示股票价格时间序列的混沌特性,本章选取某银行 2005—2006 年部分单日收盘值作为样本案例演示。

第一步:计算最佳延迟时间间隔。

```
ts <- data.frame(numeric_dates, data[ ,8])
print(ts)


acf_results <- acf(ts[ ,2])
# 查找下降到初始值的 1-e 的负一次方的时间间隔
lag <- which(acf_results$acf < 1-exp(-1))
first_lag <- min(lag)
lag_value <- acf_results$lag[first_lag]


# 输出时间间隔
cat("Time lag:", lag_value, "\n")


# 绘制自相关函数图和线
plot(acf_results)
abline(h = 1-exp(-1), col = "red", lty = "dotted", lwd = 2)
abline(v = lag_value, col = "blue", lty = "dashed", lwd = 2)
legend("topright", legend = c("1-e^(-1)", paste("Lag = ", lag_value)), lty =
c("dotted", "dashed"), col = c("red", "blue"), lwd = 2)
```

输出结果如图 8.1 所示。

图 8.1 显示的是不同时间延迟对应的相关度,当自相关函数下降到初始值的 $1-e^{-1}$ 的 tau 即为所求。根据结果显示,此样本的最佳延迟时间间隔为 22。

第二步:计算嵌入维数。

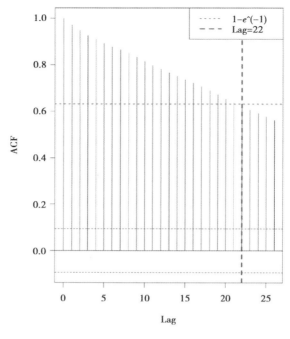

图 8.1 延迟时间间隔

```
library(tseriesChaos)
library(DChaos)

# 计算虚假最近邻点
max_dim <- 10    # 最大嵌入维数
fnn_result <- matrix(0, nrow=max_dim, ncol=1)    # 创建一个矩阵存储结果
for(dim in 1:max_dim) {
    fnn_result <- false.nearest(ts[,2], m=dim, d=22,t=8)
}
print.false.nearest(fnn_result)
plot.false.nearest(fnn_result)
```

输出结果如图 8.2 所示。

由图 8.2 可知，当维数 m 增加到虚假最近邻点的比例小于 5%时，或者虚假最近邻点不再随 m 的增大而减少时，可以认为几何结构被完全打开。此时的 m 即为最小嵌入维数，本图中选择 $m=4$。

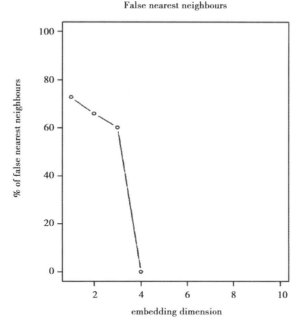

图 8.2　嵌入维度图

8.2.2　线性 AR 模型

线性 AR 模型为

$$X_{t+s} = \Phi + \Phi_1 X_t + \Phi_2 X_{t-d} + \Phi_3 X_{t-2d} + \cdots$$
$$+ \Phi_{m-1} X_{t-(m-2)d} + \Phi_m X_{t-(m-1)d} + \epsilon_{t+s}$$

用线性 AR 模型($d=1, m=3$)拟合猞猁数据,代码($d=1$ 默认值)如下:

```
library(tsDyn);x <- log10(lynx)
x.ar=linear(x,m=2);summary(x.ar) #这里的 m 相当于公式中的 m-1
```

输出的系数估计为

$$(\Phi, \Phi_1, \Phi_2) = (1.0576005, 1.3842377, -0.7477757)$$

即估计的模型为

$$X_t = 1.06 + 1.38X_{t-1} - 0.75X_{t-2} + \epsilon_t$$

而且,$\sigma_\epsilon^2 = 0.05072$,根据上述拟合模型,预测未来 10 年的结果可用如下语句:

```
(x.ar.p=predict(x.ar,n.ahead=10))
```

输出含 10 个数的预测数列:

```
Time Series:
Start = 1935
End = 1944
Frequency = 1
[1] 3.384622 3.102350 2.821052 2.642745 2.606274
```

［6］2.689122 2.831076 2.965623 3.045717 3.055977

8.2.3 自门限自回归模型

自门限自回归模型(Self Threshold Autoregressive Model，SETAR 模型)是分段线性模型，用不同的线性 AR 模型来描述两段(一个门限参数)的 SETAR 模型为

$$X_{t+s} = \begin{cases} \Phi_{10} + \Phi_{11}X_t + \cdots + \Phi_{1mL}X_{t-(mL-1)d} + \epsilon_{t+s}, Z_t \leq th \\ \Phi_{20} + \Phi_{21}X_t + \cdots + \Phi_{2mH}X_{t-(mH-1)d} + \epsilon_{t+s}, Z_t > th \end{cases}$$

式中：Z_t 为门限变量(threshold variable)；th 为门限值。在 SETAR 模型中 Z_t 可以是 $\{X_t, X_{t-d}, \cdots, X_{t-(m-1)d}\}$ 中的一个。可以通过门限滞后 $0 \leq \delta \leq m-1$ 来定义 Z_t，使得

$$Z_t = X_{t-\delta d}$$

还可以更灵活地定义 Z_t 为不同滞后的时间序列值的线性组合，即

$$Z_t = \beta_1 X_t + \beta_2 X_{t-d} + \cdots + \beta_m X_{t-(m-1)d}$$

类似地，三段(两个门限参数)的 SETAR 模型为

$$X_{t+s} = \begin{cases} \Phi_{10} + \Phi_{11}X_t + \cdots + \Phi_{1mL}X_{t-(mL-1)d} + \epsilon_{t+s}, Z_t \leq th_1 \\ \Phi_{20} + \Phi_{21}X_t + \cdots + \Phi_{2mM}X_{t-(mM-1)d} + \epsilon_{t+s}, th_1 < Z_t \leq th_2 \\ \Phi_{30} + \Phi_{31}X_t + \cdots + \Phi_{3mH}X_{t-(mH-1)d} + \epsilon_{t+s}, Z_t > th_2 \end{cases}$$

(1)一个门限参数的模型

可以用程序包 tsDyn 中的函数 setar( )实现用 SETAR 模型拟合猞猁数据，可以选定 $\delta = 1$ (thDeley = 1)及 $m = 2$，但两段模型的自回归阶数(mL 和 mH)必须在函数中确定，但这也可以用另一个函数 selectSETAR( )根据 AIC 来选择，语句为：

```
selectSETAR( x, m = 2)
```

部分输出为：

	thDelay	mL	mH	th	pooled-AIC
1	0	2	2	2.557507	−25.48913
2	0	2	2	2.587711	−24.43721
3	0	2	2	2.556303	−23.45258
4	0	2	2	2.553883	−23.28460
5	0	2	2	2.582063	−23.06773

因而，可以选择 $mL = 2, mH = 2$，即使用下面的拟合语句：

```
x.setar = setar( x, m = 2, mL = 2, mH = 2, thDelay = 1)
summary( x.setar)
```

得到下面的输出：

```
Non linear autoregressive model
SETAR model( 2 regimes)
Coefficients：
```

Low regime：

	const.L	phiL.1	phiL.2
	0.5884369	1.2642793	−0.4284292

High regime：

	const.H	phiH.1	phiH.2
	1.165692	1.599254	−1.011575

Threshold：

−Variable：$Z(t) = +(0) X(t) + (1) X(t-1)$

−Value：3.31

Proportion of points in low regime：69.64%　　High regime：30.36%

于是拟合的模型为

$$X_{t+1} = \begin{cases} 0.588 + 1.264X_t - 0.428X_{t-1} + \epsilon_{t+1}, & X_{t-1} \leqslant 3.31 \\ 1.166 + 1.599X_t - 1.012X_{t-1} + \epsilon_{t+1}, & X_{t-1} > 3.31 \end{cases}$$

对于上述拟合模型，预测未来 10 年的结果可用如下语句：

```
(x.setar.p = predict(x.setar, n.ahead = 10))
```

输出含 10 个数的预测数列：

```
Time Series：
Start = 1935
End = 1944
Frequency = 1
[1] 3.348576 2.949075 2.494675 2.478933 2.653709
[6] 2.881419 3.094429 3.266175 3.392051 3.477612
```

（2）两个门限参数的模型

还可以用 SETAR（$\delta = 1, m = 2$，三部分模型的自回归阶数均为 2）来拟合猞猁数据（未进行参数选择），代码为：

```
x.setar3 = setar(x, m = 2, mL = 2, mH = 2, mM = 2, thDelay = 1, nthresh = 2)
```

得到下面输出：

```
Non linear autoregressive model
SETAR model( 3 regimes)
Coefficients：
Low regime：
  const.L      phiL.1       phiL.2
0.5729163    1.3980502    −0.5729485
```

```
Mid regime：
   const.M        phiM.1         phiM.2
 1.5613169      1.2149740      -0.6995948


High regime：
   const.H        phiH.1         phiH.2
 1.165692       1.599254       -1.011575


Threshold：
-Variable：Z(t)= +(0) X(t)+(1)X(t-1)+(0)X(t-0)
-Value：2.612 3.310

Proportion of points in low regime：35.71%    Middle regime：33.93%    High regime：
30.36%
```

这时，拟合的模型为

$$X_{t+1} = \begin{cases} 0.573 + 1.398X_t - 0.573X_{t-1} + \epsilon_{t+1}, X_{t-1} \leqslant 2.612 \\ 1.561 + 1.215X_t - 0.700X_{t-1} + \epsilon_{t+1}, 2.612 < X_{t-1} \leqslant 3.310 \\ 1.166 + 1.599X_t - 1.012X_{t-1} + \epsilon_{t+1}, X_{t-1} > 3.310 \end{cases}$$

对于上述拟合模型，预测未来 10 年的结果可用如下语句：

```
(x.setar3.p=predict(x.setar3,n.ahead=10))
```

输出含 10 个数的预测数列：

```
Time Series：
Start = 1935
End = 1944
Frequency = 1
[1] 3.455664 3.289612 3.140546 3.075603 3.100984
[6] 3.177257 3.252169 3.289825 3.283168 3.248737
```

（3）Hansen 检验

Hansen（1999）提出了零假设为线性模型，备选假设为门线模型的利用自助法分布的检验。对猞猁数据实行这个检验的代码如下（备选假设为两段和三段的门限 AR 模型，因此实际上是两个检验）：

```
Hansen.x = setarTest(lynx,m=1,nboot=1000)
summary(Hansen.x);plot(Hansen.x)
```

利用上面代码产生了和检验有关的结果（图 8.3）及以下输出：

```
Test of linearity against setar(2) and setar(3)
```

```
          Test      Pval
1vs2    20.05733    0.003
1vs3    42.81466    0.001


Critical values：
          0.9           0.95          0.975         0.99
1vs2    10.74951      12.99125      14.27449      16.92795
1vs3    20.53759      23.30259      25.36167      29.51784


SSR of original series：
          SSR
AR          137160013
SETAR（2）    116484232
SETAR（3）    99471266


Threshold of original series：
          th1       th2
SETAR（2）    3465      NA
SETAR（3）    1676      3465


Number of bootstrap replications：  1000
Asymptotic bound：  729.5347
```

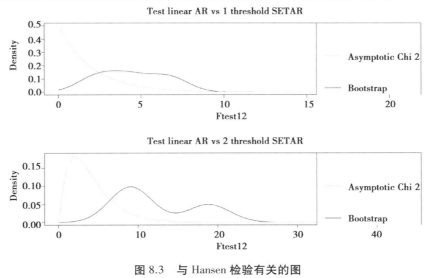

图 8.3　与 Hansen 检验有关的图

8.2.4　Logistic 平滑过渡自回归模型

Logistic 平滑过渡自回归模型（Logistic Smooth Transition Autoregressive Model，LSTAR）为

$$X_{t+s} = (\Phi_{10} + \Phi_{11}X_t + \cdots + \Phi_{1L}X_{t-(L-1)d})(1 - G(Z_t, \gamma, th))$$
$$+ (\Phi_{20} + \Phi_{21}X_t + \cdots + \Phi_{2H}X_{t-(H-1)d})G(Z_t, \gamma, th) + \epsilon_{t+s}$$

式中, $G(Z_t, \gamma, th)$ 为 logistic 分布函数, 其位置参数(location)为 th, 尺度参数(scale)为 $1/\gamma$, 即

$$G(Z_t, \gamma, th) = \frac{1}{1 + \exp[-(Z_t - th)\gamma]} = \frac{1}{2} + \frac{1}{2}\tanh\frac{(Z_t - th)\gamma}{2}$$

其密度函数为

$$f(Z_t, \gamma, th) = \frac{\gamma \exp[-(Z_t - th)\gamma]}{\{1 + \exp[-(Z_t - th)\gamma]\}^2} = \frac{\gamma}{4}\text{sech}^2\frac{(Z_t - th)\gamma}{2}$$

LSTAR 模型的各个变量和 SETAR 模型类似, 给定 th 和 γ 后, 该模型也是线性的, 估计 LSTAR 模型时, 需要为所有待估计参数(Φ, γ, th)确定初始值, 估计时先通过线性回归确定 Φ, 然后确定 th, γ, 使得残差平方和最小, 重复这两步, 直到收敛。

用 LSTAR 模型拟合猞猁数据, 这里也有关于 mL, mH 参数选择的函数(当然, 用默认值也可以执行)selectLSTAR( ), 还是确定 $m = 2$, thDelay = 1。用以下代码选择参数:

```
selectLSTAR(x, m = 2)
```

得到输出:

	thDelay	mL	mH	AIC	BIC	th	gamma
1	1	2	1	−358.5196	−339.3662	3.379743	8.740303
2	1	2	2	−356.6440	−334.7544	3.344848	10.305582
3	1	1	1	−355.9970	−339.5798	3.585194	2.819021
4	1	1	2	−354.9086	−335.7552	4.272686	2.717408
5	0	2	2	−349.9262	−328.0366	2.567991	100.000109

根据输出的 AIC 值和 BIC 值来做的判断并不一致。这里还是根据 AIC 值选择了 $mL = 2, mH = 1$, 并用来建模。代码如下:

```
x.lstar = lstar(x, m = 2, mL = 2, mH = 1, thDelay = 1)
summary(x.lstar)
```

得到输出:

```
Non linear autoregressive model

LSTAR model
Coefficients:
Low regime:
  const.L    phiL.1    phiL.2
0.450298   1.252161  −0.354821

High regime:
```

```
    const.H      phiH.1
  -2.1162244   0.4513928


Smoothing parameter: gamma = 8.701


Threshold
Variable: Z( t) = +(0) X( t) +(1) X( t-1)


Value: 3.38


Fit: residuals variance = 0.03809,    AIC = -359, MAPE = 5.597%


Non-linearity test of full-order LSTAR model
against full-order AR model
F = 12.446 ; p-value = 1.3815e-05
```

拟合的模型为

$$X_{t+1} = (0.450 + 1.252X_t - 0.355X_{t-1})(1 - G(X_{t-1}, 8.701, 3.38))$$
$$+ (-2.116 + 0.451X_t)G(X_{t-1}, 8.701, 3.38) + \epsilon_{t+1}$$

输出中还有一个相对于线性 AR 模型的 F 检验, p 值为 0.0000138, 说明这个模型比线性模型优越。

对于上述拟合模型, 预测未来 10 年的结果可用如下语句:

```
x.lstar.p = predict( x.lstar, n.ahead = 10)
```

输出含 10 个数的预测数列:

```
Time Series:
Start = 1935
End = 1944
Frequency = 1
[1] 3.345630 2.909123 2.564024 2.612981 2.811630
[6] 3.042702 3.257380 3.416870 3.426117 3.197871
```

8.2.5　神经网络模型

具有 D 个隐藏层节点(只考虑一个隐藏层)而且激活函数为 g 的神经网络模型(Neural Network Model)定义为

$$x_{t+s} = \beta_0 + \sum_{j=1}^{D} \beta_j g\left(\gamma_{0j} + \sum_{i=1}^{m} \gamma_{ij} x_{t-(i-1)d}\right)$$

在确定使用多少个隐藏层节点时, 可使用下面语句:

```
set.seed(8)
```

```
selectNNET(x,m=3,size=1:10)
```

得到输出：

	size	AIC	BIC
1	6	-371.9583	-287.1362
2	8	-357.1547	-244.9706
3	5	-348.6748	-277.5337
4	9	-340.1706	-214.3055
5	1	-336.8290	-320.4118
6	4	-336.7884	-279.3282
7	7	-335.7535	-237.2503
8	2	-326.8290	-296.7308
9	3	-316.8290	-273.0498
10	10	-246.8289	-107.2828

这里根据上面输出的 AIC 值和 BIC 值所做的判断也不一致，可以选择 6 个节点：

```
x.nnet=nnetTs(x,m=2,size=6);summary(x.nnet)
```

得到输出：

```
NNET time series model
a 2-6-1 network with 25 weights
options were - linear output units

Fit：
residuals variance=0.03696， AIC=-326, MAPE=5.573%
```

当然，对于神经网络模型完全没有必要写出拟合公式，但可以用拟合的模型进行预测，预测未来 10 年的结果可用以下代码：

```
(x.nnet.p=predict(x.nnet, n.ahead=10))
```

输出为：

```
Time Series：
Start=1935
End=1944
Frequency=1
[1] 3.435285 3.104511 2.639718 2.395804 2.448907
[6] 2.678215 2.987406 3.287192 3.475277 3.494876
```

8.2.6　可加 AR 模型

可加 AR 模型（Additive Autoregressive Model，AAM）是一个广义可加模型（Generalized Additive Model，GAM），定义为

$$x_{t+s} = \mu + \sum s_i(x_{t-(i-1)d})$$

式中，s_i 为由处罚三次回归样条（Penalized Cubic Regression Splines）所表示的光滑函数。拟合猞猁数据可用以下语句：

```
x.aar = aar( x,m = 3) ; summary( x.aar)
```

而对未来 10 年的预测则可用以下语句：

```
( x.aar.p = predict( x.aar, n.ahead = 10) )
```

输出为：

```
Time Series：
Start = 1935
End = 1944
Frequency = 1
[1] 3.339201 2.912733 2.548816 2.486834 2.604932
[6] 2.835814 3.092192 3.313349 3.400668 3.269847
```

8.2.7 不同模型性能比较

可通过 AIC 和 MAPE（Mean Absolute Percent Error，均方绝对误差率）对模型性能进行比较，代码如下（利用前面运算结果）：

```
mod <-list( )
mod[ [ " linear" ] ] = x.ar
mod[ [ " setar" ] ] = x.setar
mod[ [ " setar3" ] ] = x.setar3
mod[ [ " lstar" ] ] = x.lstar
mod[ [ " nnet" ] ] = x.nnet
mod[ [ " aar" ] ] = x.aar
sapply( mod, AIC) ; sapply( mod,MAP
```

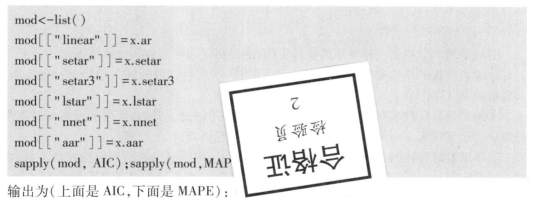

输出为（上面是 AIC,下面是 MAPE）：

linear	setar	setar3	lstar	nnet	aar
−333.8737	−358.3740	−357.5254	−358.5189	−325.9680	−320.5343
linear	setar	setar3	lstar	nnet	aar
0.06801955	0.05648596	0.05443646	0.05597411	0.05573221	0.05666155

从输出结果可以看出,LSTAR 模型和 SETAR3 模型相差不大,一个 AIC 最小,一个 MAPE 最小。

第9章
综合案例分析

9.1 知识总结

(1) R 软件时间序列处理和常规操作

在时间序列处理方面，R 软件提供了一系列丰富的包和函数，可以轻松地进行数据导入、预处理、建模和预测等操作。例如，可使用 ts( ) 函数创建时间序列对象，并利用 ts 包中的函数进行平滑、差分、聚合和季节调整等预处理操作。同时，R 软件还提供了多种经典和高级的时间序列分析模型，如 ARIMA、GARCH 和 VAR 等，以及其拟合、诊断、预测相应的代码。在常规操作方面，R 软件提供了丰富的统计分析、数据处理和可视化功能，可以进行描述性统计、数据可视化分析等任务。R 软件在可视化方面非常强大，可以创建各种复杂的图形和可视化效果。无论是进行时间序列分析还是进行常规数据分析，R 软件都是灵活、强大和高度可定制的工具，使用户能够进行复杂的数据分析和处理。

(2) 时间序列的分解

时间序列的分解是一种常用的统计方法，通过将时间序列数据分解成不同的成分，可以更好地理解数据的结构和特征。通常情况下，时间序列可以被分解为趋势、季节性、周期性和随机波动 4 个部分。

①趋势成分反映了数据长期变化的走向。趋势可以是上升的、下降的或者保持水平的。趋势成分通常代表了时间序列数据的长期变动，如经济增长、人口增长等。

②季节性成分指的是时间序列数据在特定时间段内重复出现的周期性波动。这种周期性一般是固定的。季节性成分可以帮助我们理解数据在不同季节或不同时间段内的波动情况。

③周期性成分指的是时间序列数据中长期的周期性波动，这些波动的周期长度不一定是固定的，且通常与经济周期或其他类似的周期性现象相关。

④随机波动成分代表了除去趋势、季节性和周期性成分后剩余的部分，也称为残差。随机波动包含了数据中无法被趋势、季节性和周期性所解释的随机波动和噪声。

常用的时间序列分解方法包括经典的加法模型和乘法模型，以及更先进的分解方法，如 STL 分解等。分解后的时间序列成分可以帮助我们更好地理解数据的特征，并为进一步建立预测模型提供基础。

(3) 时间序列数据可视化

时间序列数据可视化是了解数据模式、趋势和周期性的重要手段。普通可视化是指使用图表、图形和图像等可视化元素来传达数据的信息和洞察力。它是一种将数据转化为直观、易于理解的形式的方法,可以帮助我们更好地理解数据的模式、趋势和关系。

在进行普通可视化时,可以根据数据的类型和目标来选择合适的图表类型,并考虑颜色、标签、标题等元素的设计,以使图表更加清晰、易读和有吸引力。R语言在可视化分析方面是一种强大的数据沟通工具,能够帮助我们更好地理解和传达数据的信息。季节性可视化是指通过图表、图形等可视化元素来展示数据中的季节性模式和趋势。它可以帮助我们分析和理解数据在不同季节之间的变化,捕捉到可能存在的季节性影响和周期性模式。在进行季节性可视化时,可以考虑使用移动平均线或加权平均线来平滑季节性波动,以便更好地观察季节性模式和趋势。此外,交互式可视化也可以增强季节性可视化的效果,如添加缩放、过滤和切换季节的功能,以便用户可以自由地探索数据的季节性特征。总之,季节性可视化是一种重要的数据分析工具,可以帮助我们发现和理解数据中的季节性模式和趋势。

（4）ARIMA模型

ARIMA模型基于以下3个组件:自回归、差分和移动平均。自回归部分表示当前值与过去值之间的线性关系,即通过过去一段时间的值来预测当前值。差分部分表示时间序列的差分运算,用于处理非平稳性的时间序列数据,通过对原始数据进行一阶或多阶的差分操作,可以使时间序列变得平稳。差分操作可以减少或消除趋势和季节性等影响,使时间序列更适合于模型建立。移动平均部分利用过去的误差项（残差）来预测当前观测值,描述了观测值和随机误差的关系。ARIMA模型的核心思想是通过自相关和滞后项等统计特征,将时间序列数据进行分解,并基于分解特征进行建模和预测。简言之,ARIMA模型的参数包括自回归阶数（p）、差分阶数（d）和移动平均阶数（q）,通过调整这些参数,可以建立适合于不同时间序列数据特征的ARIMA模型,进行预测和分析。

（5）GARCH模型

GARCH模型是一种用于时间序列数据建模和预测的统计模型。GARCH模型基于时间序列数据的自回归条件异方差性质,即时间序列数据中的波动率不是恒定的,而是随着时间的变化而变化。GARCH模型通过对波动率进行建模,可以更准确地预测未来的波动率和风险水平。

GARCH模型包括两个部分:自回归模型和条件异方差模型。自回归模型捕捉时间序列数据的自相关性,而条件异方差模型则捕捉时间序列数据波动率的异方差性。GARCH模型具有许多优点,例如,能够很好地处理时间序列数据的非线性特征,具有灵活性和可适应性,能够对尾部风险进行建模等。但是,该模型存在一些限制,如对历史数据敏感、需要预测未来的波动率水平等。该模型被广泛应用于金融领域,特别是股票市场的波动率建模和风险管理。

（6）VAR模型

VAR模型是一种多变量时间序列分析方法,用于描述和预测多个时间序列变量之间的相互关系。

VAR模型的核心是确定滞后阶数,即需要考虑多少个时间点的滞后值。通过选择适当的滞后阶数,可以捕捉到变量之间的动态关系,并控制模型的复杂性。VAR模型的预测能力较强,可以提供多个变量未来值的联合预测结果。VAR模型的优点之一是它能够在不引入外部因素的情况下,对多个变量之间的相互作用进行建模,它还可以用于评估变量之间的因果关系和冲击传播路径。然而,VAR模型也有一些局限性,它假设变量之间的关系是线性的,没有考虑非线性关系,并且,VAR模型对于变量之间存在复杂动态关系的情况可能不够灵活。

(7)基于机器学习的时间序列预测方法

基于机器学习的时间序列预测方法是利用机器学习算法来建立模型,从而对时间序列进行预测。相比传统的统计方法,机器学习方法可以更好地处理非线性关系、大规模数据和复杂模式。

机器学习方法中最常用的是回归模型,如线性回归、支持向量回归(SVR)和决策树回归等。这些模型通过学习历史时间序列数据的特征,来建立变量之间的映射关系,并预测未来的数值。它们可以自动捕捉到数据中的非线性关系和趋势。

基于深度学习的方法在时间序列预测中也取得了显著的成果。循环神经网络(RNN)是一种经常应用于时间序列预测的深度学习模型。具有记忆功能的RNN结构可以处理变长序列数据,并学习序列数据中的长期依赖关系。另外,长短期记忆网络(LSTM)和门控循环单元(GRU)等RNN的改进模型,可以进一步改善对长期依赖的建模能力。

机器学习方法在应用于时间序列预测时,需要考虑一些问题。首先是数据的平稳性和平稳性检验,因为大多数机器学习算法假设数据是平稳的,对于不平稳的时间序列数据,可以采用一些方法来实现平稳化,如差分法、对数转换法和Box-Cox变换法等。通过这些方法,可以对原始数据进行转换,使其变得平稳,并且更适合应用机器学习模型进行建模和预测。

其次是特征工程的重要性,即选择和提取合适的特征,以便模型能够更好地进行预测。最后是模型的评估和调参,需要通过交叉验证等方法来评估模型的性能,并选择合适的参数配置。

(8)混沌时间序列预测

混沌时间序列是指由混沌系统产生的时间序列,具有高度的非线性、随机性和不可预测性,因此对混沌时间序列的预测成为一个极具挑战性的问题。近年来,许多学者提出了各种方法来预测混沌时间序列,下面对其中几种方法进行简单总结。

第一种方法是利用时滞重构的方法,即通过历史数据中的一段时间窗口,来构造一个高维空间的向量,然后使用类似于回归的方法进行预测。这种方法的优点在于可以保留数据的大量信息,但需要选取合适的时滞参数。

第二种方法是基于神经网络的方法,其中最常用的是循环神经网络(RNN)和多层感知机(MLP)。这些方法能够适应非线性的数据,并且可以自适应地调整参数,但是当训练集过小或噪声较大时,容易发生过拟合的现象。

第三种方法是基于模糊神经网络的方法,如自适应模糊时间序列模型(AFTS)。这种方法采用模糊推理和神经网络相结合的方式,同时考虑历史数据的线性和非线性特征,具有更好的鲁棒性和预测精度。

第四种方法是基于机器学习算法的方法,如支持向量机(SVM)、决策树和随机森林等。这些方法不仅可以适应非线性数据,而且可以有效地处理高维、稀疏和噪声数据。但是它们对于数据的特征提取和处理方式非常敏感,在使用时需要进行充分的数据预处理和参数调整。

总之,混沌时间序列预测是一项具有挑战性的任务,需要采用合适的方法。无论是时滞重构方法还是神经网络、模糊神经网络、机器学习算法等,都需要在实际任务中进行充分的测试和比较,以选择最适合的方法。

9.2　综合案例分析

9.2.1　案例分析1

[案例分析1]假设美的集团股份有限公司(股票代码000333),需要预测2023年某段时间的股票价格走势,使用时间序列分析的方法进行预测。预测其股票价格走势,并评估其准确性和可靠性。获取美的股票收盘价的相关数据:

①获取美的股票收盘价的相关数据(按日获取,2020-1-1到2023-10-31);

②对获取的美的股票数据进行基本可视化,画出时间序列图;

③采用TSLM方法对美的公司2023年11月前5天的股票价格走势进行预测和控制,并画图;

④使用ARIMA方法对美的公司2023年11月前5天的股票价格走势进行预测和控制;

⑤采用机器学习方法对美的公司2023年11月前5天的股票价格走势进行预测和控制。

1)获取美的股票收盘价的相关数据

```
stock1 = md_stock("000333", from = '2023-01-01', to = '2023-10-31', source = "163",
adjust = NULL)
stock1<-stock1[[1]] %>%
as_tibble() %>%
select(date, close)
```

结果见表9.1。

表9.1　美的股票收盘价

date	close
2023/1/3	51.88
2023/1/4	53.75
2023/1/5	54.91
……	……
2023/10/30	54.5
2023/10/31	52.92

分析:该方法为在线获取股票数据。指定在线获取时间从2023-01-01到2023-10-31的股票代码为000333(美的)的股票数据,获取的数据为日数据,再通过select函数选择日期date和收盘价close。

2) 对获取的美的股票数据进行基本可视化,画出时间序列图

```
stock1<-stock1[[1]] %>%
as_tibble() %>%
select(date,close)
data=as_tsibble(stock1, index=date)
data %>% autoplot()+ggtitle("美的时序图")+theme_classic()
```

结果如图 9.1 所示。

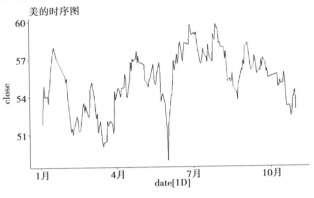

图 9.1　美的时序图

分析:从图 9.1 美的时序图可以看出,美的股票在不断波动,并且有一定的趋势。

3) 采用 TSLM 方法对美的公司 2024 年 1 季度股票价格走势进行预测和控制,并画图代码如下:

```
library(dplyr)
library(tsibble)
library(fable)
library(ggplot2)
data <- read.csv("D:\\0 学习\\时间序列分析\\meidi.csv")
#stock1 <- md_stock("000333", from='2023-01-01', to='2023-10-31', source="
163", adjust=NULL)
data$date <- as.Date(data$date)
data1=as_tsibble(data,index=date)
fit_close <- data1 %>%
model(TSLM(close ~ trend() + season()))   #simple linear model
fc_close <- forecast(fit_close, h=5)
fc_close %>%
autoplot(data1,lwd=1.2) +labs(
    title="Forecasts",
    y="meidi"
) +theme_classic()
```

预测结果如图 9.2 所示,具体数据见表 9.2。

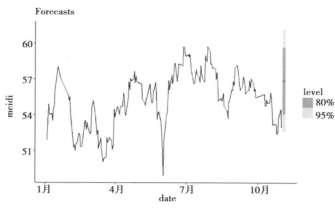

图 9.2　TSLM 预测结果图

表 9.2　TSLM 预测结果表

日期	预测值
2023-11-01	56.89948
2023-11-02	56.87115
2023-11-03	56.86306
2023-11-04	56.89267
2023-11-05	56.90343

分析:使用了 TSLM(close ~ trend() + season())模型进行预测,考虑了趋势和季节性因素。预测 2023-11-01 到 2023-11-05 这 5 天时间的收盘价(close)。对于每个日期,模型都给出了预测的平均值,从表 9.2 的预测结果来看,预测的美的股票收盘价在缓慢上升。

4) 使用 ARIMA 方法对美的公司 2023 年 11 月前 5 天的股票价格走势进行预测和控制

运行代码:

```
library(tseries)
library(aTSA)
library(forecast)
# 读取 CSV 文件
data <- read.csv("D:\\0 学习\\时间序列分析\\美的.csv")
#平稳性检验
adf.test(data$close)
#差分
data1<-diff(data$close,difference=1)
plot(data1)
#再次平稳性检验
adf.test(data1)
```

```
#白噪声检验或纯随机性检验
print(Box.test(data1,lag=16,type="Ljung-Box"))

#信息准备(AIC,BIC)
# 初始化最小 AIC 和对应的滞后阶数
min_aic <- Inf
best_order <- c(0, 0, 0)
# 循环遍历不同的滞后阶数组合
for(p in 0:3) {
    for(q in 0:3) {
        model <- arima(data1, order=c(p, 1, q))
        aic <- AIC(model)
        if(aic < min_aic) {
            min_aic <- aic
            best_order <- c(p, 1, q)}}}
# 输出最佳滞后阶数和对应的 AIC 值
cat("Best Lag Order:", best_order, "\n")

#模型拟合
x.fit<-arima(data$close,order=c(2,1,3))
x.fit

##白噪声检验
for(k in 1:2) print(Box.test(x.fit$residuals,lag=6*k,type="Ljung-Box"))
ts.diag(x.fit)

##参数显著性检验
t=abs(x.fit$coef)/sqrt(diag(x.fit$var.coef))
pt(t,length(data$close)-length(x.fit$coef),lower.tail=F)

#预测未来趋势
xfore<-forecast::forecast(x.fit,h=5)
xfore
plot(xfore,lwd=1.5,col=3)
```

运行结果:

```
> adf.test(xts_data)
Augmented Dickey-Fuller Test
alternative:stationary
```

Type 1：no drift no trend

	lag	ADF	p.value
[1,]	0	0.1914	0.698
[2,]	1	0.0413	0.655
[3,]	2	−0.0354	0.633
[4,]	3	0.0333	0.653
[5,]	4	0.0194	0.649

Type 2：with drift no trend

	lag	ADF	p.value
[1,]	0	2.65	0.99
[2,]	1	2.78	0.99
[3,]	2	2.99	0.99
[4,]	3	3.06	0.99
[5,]	4	3.19	0.99

Type 3：with drift and trend

	lag	ADF	p.value
[1,]	0	3.26	0.99
[2,]	1	3.31	0.99
[3,]	2	3.52	0.99
[4,]	3	3.71	0.99
[5,]	4	3.91	0.99

————

Note：in fact，p.value＝0.01 means p.value ＜＝0.01

单位根检验结果显示 p 值远大于显著性水平 0.05，接受原假设，认为该数据是非平稳的。因此需对数据进行差分处理，使其通过平稳性检验。

```
> #差分
> data1<-diff(xts_data,difference=1)
> plot(data1)
> adf.test(data1)
Augmented Dickey-Fuller Test
alternative：stationary
```

Type 1：no drift no trend

	lag	ADF	p.value
[1,]	0	−13.80	0.01
[2,]	1	−10.40	0.01
[3,]	2	−8.48	0.01

```
Type 2:with drift no trend
        lag         ADF         p.value
[1,]    0          -13.76       0.01
[2,]    1          -10.37       0.01
[3,]    2          -8.46        0.01
Type 3:with drift and trend
        lag         ADF         p.value
[1,]    0          -13.75       0.01
[2,]    1          -10.35       0.01
[3,]    2          -8.46        0.01
----
Note:in fact, p.value=0.01 means p.value<=0.01
```

观察差分后数据的时序图发现相较于原数据时序图,此时数据的趋势性明显已经消失。对差分后的数据再次做平稳性检验,发现检验 p 值为 0.01,小于显著性水平 0.05,则可认为数据在经过一阶差分后已经平稳。

```
#纯随机性检验
Box-Ljung test
data: data1
X-squared=27.187, df=16, p-value=0.03945


> #信息准备(AIC,BIC)
> # 初始化最小 AIC 和对应的滞后阶数
> min_aic <- Inf
> best_order <- c(0, 0, 0)
> # 循环遍历不同的滞后阶数组合
> for(p in 0:3) {
+     for(q in 0:3) {
+         model <- arima(x1_clean, order=c(p, 1, q))
+         aic <- AIC(model)
+         if(aic < min_aic) {
+             min_aic <- aic
+             best_order <- c(p, 1, q)}}}
> # 输出最佳滞后阶数和对应的 AIC 值
> cat("Best Lag Order:", best_order, "\n")
Best Lag Order:2 1 3
```

对差分之后的数据做白噪声检验,p 值小于 0.05,表明数据是非白噪声的,进而可以进一步建模。常用的判定准则包括 AIC(赤池信息准则)、BIC(贝叶斯信息准则)和 AICc(校正的赤池信息准则)。这些准则基于模型的拟合优度和模型参数数量之间的权衡。通常,较小的准则值表示较好的模型,此案例中选择的阶数为(2,1,3)。

```
> #模型拟合
> x.fit<-arima(xts_data,order=c(2,1,3))
> x.fit

Call：
arima(x=xts_data, order=c(2, 1, 3))
Coefficients：
        ar1      ar2      ma1      ma2      ma3
     -1.3115  -0.8207   1.3537   0.8162  -0.0666
s.e.  0.1251   0.1063   0.1415   0.1705   0.0832

sigma^2 estimated as 0.7629： log likelihood=-254.37, aic=520.75

> ##白噪声检验
> for(k in 1:2) print(Box.test(x.fit$residuals,lag=6*k,type="Ljung-Box"))
        Box-Ljung test
data： x.fit$residuals
X-squared=2.3928, df=6, p-value=0.8803
        Box-Ljung test
data： x.fit$residuals
X-squared=13.865, df=12, p-value=0.3094

> ts.diag(x.fit)
> ##参数显著性检验
> t=abs(x.fit$coef)/sqrt(diag(x.fit$var.coef))
> pt(t,length(data$close)-length(x.fit$coef),lower.tail=F)
ar1             ar2            ma1            ma2            ma3
5.851592e-21 2.974978e-13 2.598734e-18  1.677761e-06   2.123777e-01
```

模型建立结果如上。对残差和模型系数进行检验,结果显示残差通过了白噪声检验,模型系数也通过了系数显著性检验。接着对 2024-11-01 到 2024-11-05 的收盘价进行预测,预测结果见表 9.3 和图 9.3。

表 9.3　ARIMA 预测结果表

日期	预测	Lo 80	Hi 80	Lo 95	Hi 95
2023/11/1	53.04994	51.93056	54.16931	51.33800	54.76187
2023/11/2	53.02346	51.40669	54.64023	50.55082	55.49610
2023/11/3	53.04172	51.08645	54.99699	50.05139	56.03204

续表

日期	预测	Lo 80	Hi 80	Lo 95	Hi 95
2023/11/4	53.03950	50.80860	55.27041	49.62763	56.45137
2023/11/5	53.02742	50.51180	55.54304	49.18011	56.87473

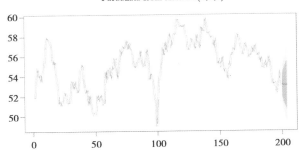

图 9.3　ARIMA 预测结果图

利用建立的模型对 2023 年 11 月 1 日到 2023 年 11 月 5 的收盘价进行预测,结果如图9.3所示,其中深灰色部分表示置信度为 95% 的置信区间,浅灰色部分表示置信度为 80% 的置信区间。预测显示未来几天美的股票的收盘价将会趋于平稳,小幅波动。

5)采用机器学习方法对美的公司 2024 年 1 季度股票价格走势进行预测和控制,并画图

①使用 LSTM 模型的代码如下:

```
#LSTM
# 数据预处理
zsyh_pd163 <- md_stock( "000333" , from ='2023 - 01 - 01', to ='2023 - 10 - 31', source
='"163" , adjust =NULL)
dd <- zsyh_pd163[[1]] %>%
  as_tibble( ) %>%
  select( date, close)
zsyh_pd163_tidy <- zsyh_pd163[[1]] %>%
  as_tibble( ) %>%
  select( date, close) %>%
  mutate( close =scale( close) ) # 标准化
# 划分训练集和测试集
train_size <- floor( nrow( zsyh_pd163_tidy) * 0.8)
train <- zsyh_pd163_tidy[1:train_size, ]
test <- zsyh_pd163_tidy[( train_size + 1):nrow( zsyh_pd163_tidy), ]
# 构建 LSTM 模型
model <- keras_model_sequential( ) %>%
  layer_lstm( units =50 , input_shape =c( 1, 1) ) %>%
```

```r
    layer_dense(units=1)
summary(model)
model %>% compile(
    loss='mean_squared_error',
    optimizer=optimizer_adam(),
    metrics='mean_absolute_error'
)
#模型训练
history <- model %>% fit(
    x=array(train$close, dim=c(nrow(train), 1, 1)),
    y=train$close,
    epochs=100,
    batch_size=32,
    verbose=1,
    validation_data=list(
        x=array(test$close, dim=c(nrow(test), 1, 1)),
        y=test$close
    )
)
# 预测未来值
future_dates <- seq(as.Date('2023-11-01'), by='day', length.out=5)
future_data <- data.frame(date=future_dates, close=rep(0, 5))

for(i in 1:nrow(future_data)) {
    x <- array(future_data$close[(i - 1):i], dim=c(1, 1, 1))
    future_data$close[i] <- predict(model, x)
}
# 反标准化
original_mean <- mean(dd$close)
original_sd <- sd(dd$close)
future_data$close <-(future_data$close * original_sd) + original_mean

# 绘制预测结果
ggplot() +
    geom_line(data=dd, aes(x=date, y=close), color='blue') +
    geom_line(data=future_data, aes(x=date, y=close), color='red') +
    labs(title='Predicted opening prices of 美的 stock', y='close price', x='Date') +theme
_classic()
```

结果如图9.4—图9.6所示,具体数据见表9.4。

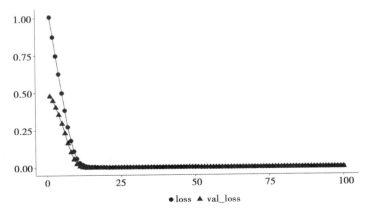

图 9.4　损失值变化图

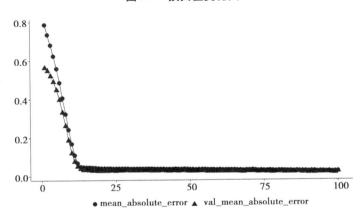

图 9.5　平均绝对误差变化图

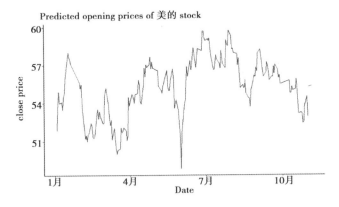

图 9.6　预测结果图

表 9.4　LSTM 预测结果表

日期	预测结果
2023/11/1	55.25453
2023/11/2	55.2756

续表

日期	预测结果
2023/11/3	55.29817
2023/11/4	55.32234
2023/11/5	55.3482

分析:图 9.4 中用圆连接的曲线(loss)表示模型在训练集上的损失值变化情况。该值反映了模型在训练数据上拟合的程度,理想情况下,随着训练的进行,训练集上的损失值应该逐渐减小。用三角符号连接的曲线(val_loss)表示模型在验证集上的损失值变化情况。该值用于评估模型在未见过的数据上的泛化能力,如果在训练过程中验证集的损失值开始上升,可能意味着模型出现了过拟合。从图 9.4 可以看见当模型的损失值和验证集的损失值逐渐减少并稳定重合时,通常表示模型已经成功地学习了数据的特征,并能够对新数据做出准确的预测。

图 9.5 中用圆连接的曲线(mean_absolute_error)表示模型在训练集上的平均绝对误差的变化情况。该指标越小越好,表示模型在训练数据上的预测精度越高。用三角符号连接的曲线(val_mean_absolute_error)表示模型在验证集上的平均绝对误差的变化情况。和训练集类似,该指标也应该尽可能小,以确保模型在未见过的数据上也能够准确预测。当这两条曲线逐渐减小并最终稳定重合时,表示模型在训练集和验证集上的平均绝对误差都在逐渐减小,并且模型在训练过程中表现良好,具备较好的泛化能力。

图 9.6 给出了美的股票收盘价未来 5 天的预测值,从结果来看,预测效果并不是很好。

②使用随机森林模型的代码如下:

```
library(randomForest)
library(tidyverse)
library(lubridate)
zsyh_pd163 <- md_stock("000333", from='2023-01-01', to='2023-10-31', source="163", adjust=NULL)
# 数据预处理
dd <- zsyh_pd163[[1]] %>%
  as_tibble() %>%
  select(date, close)

zsyh_pd163_tidy <- zsyh_pd163[[1]] %>%
  as_tibble() %>%
  select(date, close) %>%
  mutate(close=scale(close)) # 标准化
# 划分训练集和测试集
train_size <- floor(nrow(zsyh_pd163_tidy) * 0.8)
train <- zsyh_pd163_tidy[1:train_size, ]
```

```
test <- zsyh_pd163_tidy[(train_size + 1):nrow(zsyh_pd163_tidy), ]
# 特征工程
train$date <- as.Date(train$date)
train$day <- day(train$date)
train$month <- month(train$date)
train$weekday <- wday(train$date, label=TRUE)
train$close <- as.numeric(train$close)


# 添加缺失的因子水平
all_days <- as.factor(1:31)    # 假设日期的可能取值是 1 到 31
all_months <- as.factor(1:12)    # 假设月份的可能取值是 1 到 12
all_weekdays <- wday(seq(as.Date('2023-11-01'), by='day', length.out=7), label=
TRUE)    # 假设一周中的所有天


train$day <- factor(train$day, levels=all_days)
train$month <- factor(train$month, levels=all_months)
train$weekday <- factor(train$weekday, levels=all_weekdays)


# 构建随机森林模型
model <- randomForest(close ~ day + month + weekday, data=train)


# 预测未来值
future_dates <- seq(as.Date('2023-11-01'), by='day', length.out=5)
future_data <- data.frame(date=future_dates)
future_data$day <- day(future_dates)
future_data$month <- month(future_dates)
future_data$weekday <- wday(future_dates, label=TRUE)


# 注意:需要确保所有缺失因子水平都已经存在
future_data$day <- factor(future_data$day, levels=all_days)
future_data$month <- factor(future_data$month, levels=all_months)
future_data$weekday <- factor(future_data$weekday, levels=all_weekdays)


future_data$close <- predict(model, newdata=future_data)


# 反标准化
original_mean <- mean(dd$close)
original_sd <- sd(dd$close)
future_data$close <-(future_data$close * original_sd) + original_mean
```

```
# 绘制预测结果
ggplot( ) +
    geom_line( data=dd, aes( x=date, y=close), color='blue') +
    geom_line( data=future_data, aes( x=date, y=close), color='red') +
    labs( title='Predicted closing prices of stock', y='Close Price', x='Date') +
    theme_classic( )
```

运行结果如图 9.7 所示,具体数据见表 9.5。

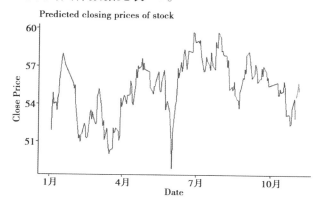

图 9.7　随机森林预测结果图

表 9.5　随机森林预测结果表

日 期	预测结果
2023/11/1	54.64496
2023/11/2	54.90632
2023/11/3	55.23688
2023/11/4	55.78320
2023/11/5	55.10382

分析:从图 9.7 的预测结果来看,未来 5 天的美的股票的收盘价整体呈现出逐渐上升的趋势,预测效果还可以。

9.2.2　案例分析 2

[案例分析 2] 假设针对美的集团与海尔集团(股票代码 600690)等 12 个公司,需要预测 2023 年某段时间内其股票价格走势,使用时间序列分析方法来进行预测。预测它们的股票价格走势,并评估其准确性和可靠性。

①获取美的和海尔等 12 个集团或公司股票收盘价的相关数据(按日获取,2023-1-1 到 2023-10-31);

②对获取的美的股票数据进行基本可视化,画出时间序列图(多画一点,运用之前的可视化方法);

③对这 12 只股票进行相关分析；

④使用 VAR 方法对这 12 个集团或公司 2023 年 11 月前 5 天的股票价格走势进行预测和控制；

⑤使用机器学习方法对这 12 个集团或公司 2023 年 11 月前 5 天的股票价格走势进行预测和控制。

1）获取美的和海尔等 12 个集团或公司股票收盘价的相关数据（按日获取，2023-1-1 到 2023-11-1）

代码如下：

```
stock1<-md_stock("000333",from='2023-01-01',to='2023-10-31',source="163",
adjust=NULL)#美的
stock2<-md_stock("600690",from='2023-01-01',to='2023-10-31',source="163",
adjust=NULL)#海尔
stock3<-md_stock("000651",from='2023-01-01',to='2023-10-31',source="163",
adjust=NULL)#格力
stock4<-md_stock("002230",from='2023-01-01',to='2023-10-31',source="163",
adjust=NULL)#科大讯飞
stock5<-md_stock("002415",from='2023-01-01',to='2023-10-31',source="163",
adjust=NULL)#海康威视
stock6<-md_stock("000921",from='2023-01-01',to='2023-10-31',source="163",
adjust=NULL)#海信家电
stock7<-md_stock("002024",from='2023-01-01',to='2023-10-31',source="163",
adjust=NULL)#苏宁易购
stock8<-md_stock("601138",from='2023-01-01',to='2023-11-1',source="163",
adjust=NULL)#工业富联
stock9<-md_stock("002352",from='2023-01-01',to='2023-10-31',source="163",
adjust=NULL)#顺丰控股
stock10<-md_stock("000100",from='2023-01-01',to='2023-10-31',source="163",
adjust=NULL)#TCL 科技
stock11<-md_stock("600839",from='2023-01-01',to='2023-10-31',source="163",
adjust=NULL)#四川长虹
stock12<-md_stock("000002",from='2023-01-01',to='2023-10-31',source="163",
adjust=NULL)#万科企业
stock1<-stock1[[1]]%>%
  as_tibble()%>%
  select(date,close)
stock2<-stock2[[1]]%>%
  as_tibble()%>%
  select(date,close)
stock3<-stock3[[1]]%>%
```

```
    as_tibble( )%>%
    select( date,close)
stock4<-stock4[[1]]%>%
    as_tibble( )%>%
    select( date,close)
stock5<-stock5[[1]]%>%
    as_tibble( )%>%
    select( date,close)
stock6<-stock6[[1]]%>%
    as_tibble( )%>%
    select( date,close)
stock7<-stock7[[1]]%>%
    as_tibble( )%>%
    select( date,close)
stock8<-stock8[[1]]%>%
    as_tibble( )%>%
    select( date,close)
stock9<-stock9[[1]]%>%
    as_tibble( )%>%
    select( date,close)
stock10<-stock10[[1]]%>%
    as_tibble( )%>%
    select( date,close)
stock11<-stock11[[1]]%>%
    as_tibble( )%>%
    select( date,close)
stock12<-stock12[[1]]%>%
    as_tibble( )%>%
    select( date,close)

#合并数据
data1 <- bind_cols(
    date=stock1$date,
    stock1_close=stock1$close,
    stock2_close=stock2$close,
    stock3_close=stock3$close,
    stock4_close=stock4$close,
    stock5_close=stock5$close,
    stock6_close=stock6$close,
```

```
        stock7_close = stock7$close,
        stock8_close = stock8$close,
        stock9_close = stock9$close,
        stock10_close = stock10$close,
        stock11_close = stock11$close,
        stock12_close = stock12$close
)
```

结果见表9.6。

表 9.6　股票数据部分示例

date	close1	close2		close10	close11	close12
2023/1/3	51.88	24.37		3.78	2.66	18.23
2023/1/4	53.75	24.86	……	3.85	2.68	19.07
2023/1/5	54.91	25.71		3.84	2.68	19.33
……						
2023/10/30	54.5	22.42	……	4.06	6.21	11.6
2023/10/31	52.92	22.22		3.93	5.91	11.33

指定在线获取时间为 2023-01-01 到 2023-10-31，股票代码为 000333（美的）、600690（海尔）等 12 个公司的股票数据，获取的数据为日数据。通过 select 函数选择时间和收盘价，再合并这 12 只股票数据到一个表格中，部分结果见表 9.6。

2）对获取的 12 只股票数据进行基本可视化

代码如下：

```
d#基本可视化
library(tsibble)
library(ggplot2)
library(patchwork)
stock_names <- c("美的","海尔","格力","科大讯飞","海康威视","海信家电",,"苏宁易购","工业富联","顺丰控股","TCL科技","四川长虹","万科企业")

plots <- list()
for (i in 1:12) {
    stock_data <- get(paste0("stock", i))[[1]] %>%
        as_tibble() %>%
        select(date, close)
```

```
    data <- as_tsibble(stock_data, index = date,)

    plots[[i]] <- data %>%
      autoplot() +
      ggtitle(stock_names[i]) +   # 使用对应的股票名称
      theme_classic() +
      theme(
        axis.text.x = element_text(size = 8),   # 设置 X 轴文字大小
        axis.text.y = element_text(size = 8),    # 设置 Y 轴文字大小
        plot.title = element_text(size = 10)      # 设置图标题大小
      )
}

# 使用 patchwork 组合图形
combined_plot <- (plots[[1]] | plots[[2]]) /
  (plots[[3]] | plots[[4]]) /
  (plots[[5]] | plots[[6]]) /
  (plots[[7]] | plots[[8]]) /
  (plots[[9]] | plots[[10]]) /
  (plots[[11]] | plots[[12]])

# 显示组合图形
combined_plot
```

结果如图 9.8 所示。

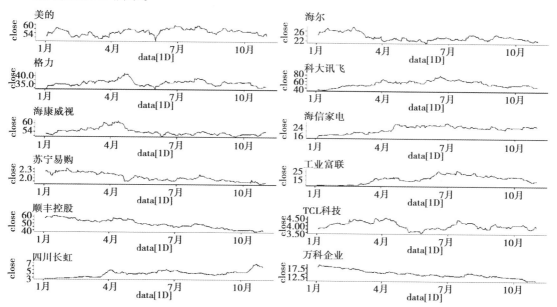

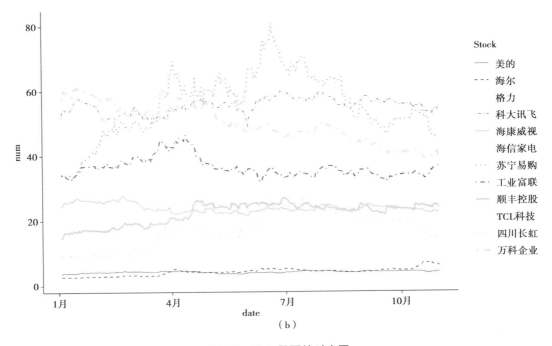

图 9.8　12 只股票的时序图

分析：从图 9.8 这 12 只股票数据的收盘价可视化结果，可观察到：一些股票走势较为平稳，如 TCL 科技、海尔等；一些股票的波动较大，比如苏宁易购等；还有一些股票整体呈现出下降趋势，如万科企业。观察每只股票收盘价的长期趋势，看是否存在上升、下降或波动较大的情况。大部分股票的波动幅度都较小。

3）对这 12 只股票进行相关分析

代码如下：

```
library(tidyverse)
library(quantmod)
library(PerformanceAnalytics)

#合并数据
data2 <- bind_cols(
    date = stock1$date,
    stock1_close = stock1$close,
    stock2_close = stock2$close,
    stock3_close = stock3$close,
    stock4_close = stock4$close,
    stock5_close = stock5$close,
    stock6_close = stock6$close,
    stock7_close = stock7$close,
    stock8_close = stock8$close,
```

```
        stock9_close=stock9$close,
        stock10_close=stock10$close,
        stock11_close=stock11$close,
        stock12_close=stock12$close
)
```

names(data2) <- c("date","美的", "海尔", "格力","科大讯飞","海康威视","海信家电","苏宁易购","工业富联","顺丰控股","TCL科技","四川长虹","万科企业")
# 计算相关性系数
correlation_matrix <- cor(data2[, -1])
# 绘制相关性热力图
heatmap(correlation_matrix, col = colorRampPalette(colors = c("#0000FF", "#FFFFFF", "#FF0000"))(100))

# 导入所需库
library(tidyverse)
library(ggcorrplot)
# 绘制相关系数图
ggcorrplot(cor(data2[, -1]), type = "upper", lab = TRUE, lab_size = 2, colors = c("#6D9EC1", "#FFFFFF", "#E46726"), title = "Stock Prices Correlation")

结果如图 9.9、图 9.10 所示。

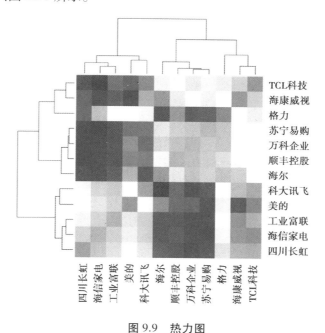

图 9.9 热力图

分析：从图 9.9 和图 9.10 可以看出，一些公司的收盘价之间呈现出正相关关系，如美的

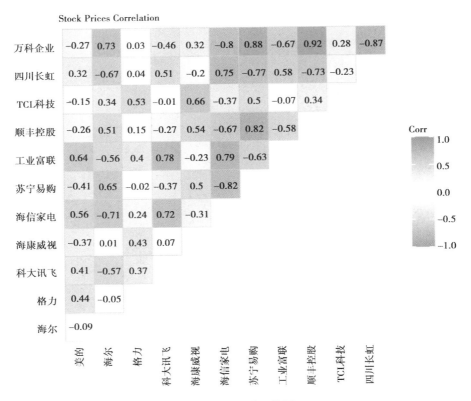

图9.10　相关系数图

和海信家电之间存在较强的正相关性(0.56)，这可能表明这两家公司在同一行业内有类似的市场表现或者受到相似的宏观经济因素的影响。海尔和苏宁易购之间存在较强的正相关性(0.65)，这可能意味着海尔的股价变动与苏宁易购的业绩或市场地位有一定的关联。科大讯飞和工业富联之间存在较强的正相关性(0.78)，这可能反映了两家公司在人工智能或科技领域的共同发展或市场表现。一些公司的收盘价呈现负相关关系，如海信家电和苏宁易购之间存在较强的负相关性(-0.82)，这可能暗示了这两家公司在市场表现上的对立或者竞争关系。四川长虹和万科企业之间存在较强的负相关性(-0.87)，这可能表示这两家公司在不同行业中的市场表现存在一定的对立或者反向关联。

通过相关系数矩阵的分析，投资者可以更好地理解这些股票之间的关联程度，从而优化投资组合，降低风险，或者寻找出更具潜力的股票组合。

4)使用VAR方法对这12个集团或公司2023年11月前5天的股票价格走势进行预测和控制

代码如下:

```
library(vars)
library(fpp3)
library(purrr)
library(dplyr)
library(tsibble)
```

```
library(tseries)
#library(MSBVAR)
library(urca)
data1 = read.csv("D:\\0学习\\时间序列分析\\he.csv")
data11 = data1

stock1_close = data11 %>%
  select(date, stock1_close)
stock2_close = data11 %>%
  select(date, stock2_close)
stock3_close = data11 %>%
  select(date, stock3_close)
stock4_close = data11 %>%
  select(date, stock4_close)
stock5_close = data11 %>%
  select(date, stock5_close)
stock6_close = data11 %>%
  select(date, stock6_close)
stock7_close = data11 %>%
  select(date, stock7_close)
stock8_close = data11 %>%
  select(date, stock8_close)
stock9_close = data11 %>%
  select(date, stock9_close)
stock10_close = data11 %>%
  select(date, stock10_close)
stock11_close = data11 %>%
  select(date, stock11_close)
stock12_close = data11 %>%
  select(date, stock12_close)

##平稳性检验
# 单位根检验
(stock1_close.adf = adf.test(stock1_close$stock1_close))
(stock2_close.adf = adf.test(stock2_close$stock2_close))
(stock3_close.adf = adf.test(stock3_close$stock3_close))
(stock4_close.adf = adf.test(stock4_close$stock4_close))
(stock5_close.adf = adf.test(stock5_close$stock5_close))
```

```
( stock6_close.adf = adf.test( stock6_close$stock6_close ) )
( stock7_close.adf = adf.test( stock7_close$stock7_close ) )
( stock8_close.adf = adf.test( stock8_close$stock8_close ) )
( stock9_close.adf = adf.test( stock9_close$stock9_close ) )
( stock10_close.adf = adf.test( stock10_close$stock10_close ) )
( stock11_close.adf = adf.test( stock11_close$stock11_close ) )
( stock12_close.adf = adf.test( stock12_close$stock12_close ) )


data3 = data.frame( stock1_close$stock1_close, stock2_close$stock2_close, stock3_close$
stock3_close, stock4_close$stock4_close, stock5_close$stock5_close, stock6_close$stock6_
close, stock7_close$stock7_close, stock8_close$stock8_close, stock9_close$stock9_close,
stock10_close$stock10_close, stock11_close$stock11_close, stock12_close$stock12_close )


colnames( data3 ) <- c( "stock1_close", "stock2_close", "stock3_close", "stock4_
close", "stock5_close", "stock6_close", "stock7_close", "stock8_close", "stock9_
close", "stock10_close", "stock11_close", "stock12_close" )


##协整
result <- ca.jo( data3, type = "eigen", K = 3, ecdet = "trend", spec = "longrun" )
summary( result )


####转换时间格式
library( zoo )
# 将日期列转换为时间戳
date <- as.Date( data11$date, format = "%Y-%m-%d" )
#data11$date <- as.POSIXct( data11$date, format = "%Y-%m-%d" )
# 创建一个空的时间序列对象，并指定日期作为索引
data22 <- zoo( matrix( NA, nrow = nrow( data11 ), ncol = 12 ), order.by = date )
# 添加行列名
rownames( data22 ) <- date
colnames( data22 ) <- c( "stock1_close", "stock2_close", "stock3_close", "stock4_
close", "stock5_close", "stock6_close", "stock7_close", "stock8_close", "stock9_
close", "stock10_close", "stock11_close", "stock12_close" )


# 将股票价格添加到时间序列对象的相应位置
data22[ , "stock1_close" ] <- data11[ [ "stock1_close" ] ]
data22[ , "stock2_close" ] <- data11[ [ "stock2_close" ] ]
data22[ , "stock3_close" ] <- data11[ [ "stock3_close" ] ]
```

```
data22[ ,"stock4_close"] <- data11[["stock4_close"]]
data22[ ,"stock5_close"] <- data11[["stock5_close"]]
data22[ ,"stock6_close"] <- data11[["stock6_close"]]
data22[ ,"stock7_close"] <- data11[["stock7_close"]]
data22[ ,"stock8_close"] <- data11[["stock8_close"]]
data22[ ,"stock9_close"] <- data11[["stock9_close"]]
data22[ ,"stock10_close"] <- data11[["stock10_close"]]
data22[ ,"stock11_close"] <- data11[["stock11_close"]]
data22[ ,"stock12_close"] <- data11[["stock12_close"]]


##阶数选择
varselect <- VARselect(data22, lag.max = 8, type = "const")
print(varselect)


#模型建立
VAR_model = vars::VAR(data22, p = 1, type = "const")
print(VAR_model)


##预测
#par(mar = c(5, 4, 4, 2) + 0.1)
zp = predict(VAR_model, n.ahead = 5, ci = 0.95)
png(file = "predict_plot.png", width = 800, height = 600)
plot(zp)
dev.off()
#plot(zp)


##稳定性检验
VAR_model.stabil <- stability(VAR_model, type = "OLS-CUSUM")
png(file = "stability_plot.png", width = 800, height = 600)
plot(VAR_model.stabil)
dev.off()
print(VAR_model.stabil)
#残差平稳
residuals = residuals(VAR_model)
stock1_close_residuals = residuals[ ,1]
stock2_close_residuals = residuals[ ,2]
stock3_close_residuals = residuals[ ,3]
stock4_close_residuals = residuals[ ,4]
```

```
stock5_close_residuals = residuals[ ,5]
stock6_close_residuals = residuals[ ,6]
stock7_close_residuals = residuals[ ,7]
stock8_close_residuals = residuals[ ,8]
stock9_close_residuals = residuals[ ,9]
stock10_close_residuals = residuals[ ,10]
stock11_close_residuals = residuals[ ,11]
stock12_close_residuals = residuals[ ,12]
adf_test <- ur.df( stock1_close_residuals, type = "none", lags = 3)
summary( adf_test)
adf_test2 <- ur.df( stock2_close_residuals, type = "none", lags = 3)
summary( adf_test2)
adf_test3 <- ur.df( stock3_close_residuals, type = "none", lags = 3)
summary( adf_test3)
adf_test4 <- ur.df( stock4_close_residuals, type = "none", lags = 3)
summary( adf_test4)
adf_test5 <- ur.df( stock4_close_residuals, type = "none", lags = 3)
summary( adf_test5)
adf_test6 <- ur.df( stock4_close_residuals, type = "none", lags = 3)
summary( adf_test6)
adf_test7 <- ur.df( stock4_close_residuals, type = "none", lags = 3)
summary( adf_test7)
adf_test8 <- ur.df( stock4_close_residuals, type = "none", lags = 3)
summary( adf_test8)
adf_test9 <- ur.df( stock4_close_residuals, type = "none", lags = 3)
summary( adf_test9)
adf_test10 <- ur.df( stock4_close_residuals, type = "none", lags = 3)
summary( adf_test10)
adf_test11 <- ur.df( stock4_close_residuals, type = "none", lags = 3)
summary( adf_test11)
adf_test12 <- ur.df( stock4_close_residuals, type = "none", lags = 3)
summary( adf_test12)
```

分析:建立 VAR 模型的前提是数据为平稳时间序列,因此应对案例数据进行单位根检验。结果显示 12 列数据的单位根检验 p 值都大于 0.05,接受原假设,认为数据不平稳。传统的 VAR 模型是建立在平稳时间序列上的,如果数据不平稳,且不存在协整关系,此时只能使用差分后的平稳数据建立 VAR 模型,但经过差分后的数据往往会丧失其经济学意义,因此,若数据不平稳且不存在协整关系,往往考虑替换其中一些内生变量。在数据通过协整检验后,若建立 VAR 模型,紧接着需要确定滞后阶数。在 AIC 及 FPE 准则下,最优阶数皆为 1

阶,故此处选择 1 阶。建立模型之后,对残差进行平稳性检验,p 值均小于 0.05,拒绝原假设,认为残差是平稳的。

然后根据建立的模型预测 2023-11-01 到 2023-11-05 的 12 只股票的收盘价,预测结果见表 9.7。

表 9.7　VAR 预测结果表

	close1	close2	close3	close4	close5	close6	close7	close8	close9	close10	close11	close12
2023/11/1	52.790	22.143	33.712	44.937	36.159	23.630	1.871	14.343	3.873	38.649	5.913	11.323
2023/11/2	52.631	22.042	33.650	44.875	36.170	23.711	1.864	14.198	3.874	38.380	5.966	11.295
2023/11/3	52.514	21.964	33.628	4.792	36.195	23.791	1.858	14.081	3.874	38.172	6.018	11.258
2023/11/4	52.424	21.899	33.628	44.698	36.228	23.871	1.852	13.982	3.873	38.005	6.070	11.213
2023/11/5	52.353	21.841	33.640	44.597	36.264	23.951	1.846	13.896	3.871	37.862	0.120	11.163

5)使用机器学习方法对这 12 个集团或公司 2023 年 11 月前 5 天的股票价格走势进行预测和控制

使用随机森林模型的代码如下:

```
#随机森林
library(randomForest)
library(ggplot2)

# 创建示例时间序列数据
stock_data <- read.csv("D:\\0 学习\\时间序列分析\\he.csv")

# 修改 predict_stocks 函数以仅预测第二列到第 13 列的股票收盘价
predict_stocks <- function(stock_prices) {
    lag <- 3   # 滞后观察值的数量
    start_column <- 2   # 起始列
    end_column <- 13   # 结束列
    n_stocks <- end_column - start_column + 1   # 需要预测的股票数量
    predictions_matrix <- matrix(0, nrow=5, ncol=n_stocks)

for(i in start_column:end_column) {
    close_price <- stock_prices[, i]

# 将时间序列数据转换为监督学习问题
n <- length(close_price)
train_data <- close_price[1:(n-lag-5)]
```

```
train_labels <- close_price[(lag+1):(n-5)]

# 构建滞后观察值特征矩阵
train_features <- matrix(0, nrow=n-lag-5, ncol=lag)
for(j in 1:(n-lag-5)) {
  train_features[j, ] <- close_price[j:(j+lag-1)]
}

# 拟合随机森林模型
model <- randomForest(train_features, train_labels)

# 预测未来五天数据
last_observation <- close_price[(n-lag+1):(n-2)]
prediction_features <- matrix(last_observation, nrow=1, ncol=lag)
predictions <- numeric(5)
for(j in 1:5) {
  predictions[j] <- predict(model, prediction_features)
  prediction_features <- c(prediction_features[-1], predictions[j])
}

# 存储预测结果
predictions_matrix[,(i - start_column + 1)] <- predictions

# 绘制预测结果图形
dates <- seq(as.Date("2022-01-01"), by="day", length.out=5)
plot_data <- data.frame(date=dates, close_price=predictions, stock_name=colnames
(stock_prices)[i])
ggplot(plot_data, aes(x=date, y=close_price, color=stock_name)) +
  geom_line() +
  labs(title=paste("Predicted Close Price for", colnames(stock_prices)[i]),
       x="Date", y="Close Price")
}

  return(predictions_matrix)
}

# 调用函数进行预测并绘制图形
predictions <- predict_stocks(stock_data)
```

predictions

使用随机森林模型建立模型,并根据建立的模型预测 2023-11-1 到 2023-11-5 的 12 只股票的收盘价,预测结果如表 9.8 所示。

表 9.8　随机森林预测结果表

stock1	stock2	stock3	stock4	stock5	stock6	stock7	stock8	stock9	stock10	stock11	stock12
54.054	22.686	34.429	47.673	35.647	24.394	1.926	14.916	40.296	3.885	6.581	11.663
54.123	22.738	34.427	48.009	35.548	24.246	1.915	14.972	40.332	3.896	6.587	11.662
54.204	22.802	34.414	47.938	35.776	23.983	1.908	15.577	40.373	3.877	6.595	11.662
54.415	22.916	34.367	47.964	35.834	24.159	1.913	16.176	40.401	3.847	6.592	11.662
54.535	22.890	34.374	48.009	35.757	24.144	1.927	16.135	40.397	3.843	6.592	11.662

9.3　课后习题

1.假设你是一家电商平台的数据分析师,你需要对该平台的销售数据进行分析和预测。以下是你的任务:

(1)获取电商平台的销售数据(按日获取,时间范围自定)通过电商平台提供的数据接口或数据库,获取电商平台的销售数据,确保数据包括每日的订单量和销售额,并涵盖一段时间范围。

(2)对获取的销售数据进行基本可视化,画出时间序列图和销售额图,将订单量和销售额数据转换为时间序列图和销售额图,以便观察其趋势和波动性。

(3)使用 ARIMA 方法对电商平台未来 10 天的订单量和销售额进行预测。ARIMA 模型是一种常用的时间序列预测方法,可以根据历史数据来预测未来一段时间内的订单量和销售额走势。

(4)采用机器学习方法对电商平台未来 10 天的订单量和销售额进行预测(选择一种方法)。尝试使用机器学习方法如随机森林、支持向量机(SVM)或神经网络等来对电商平台的销售数据进行预测。

2.你是一名数据分析师,受雇于一家投资公司。现在,你需要根据给定的数据集,对某家知名互联网公司(如谷歌、Facebook 等)的股票价格进行预测和分析。数据集包括 2004 年 1 月 1 日至 2022 年 12 月 31 日的日度股票价格,以及该公司的财务数据(如每股收益、净利润、市盈率等)。

请完成以下任务:

(1)获取所选公司的股票价格和财务数据,并将其转换为时间序列数据。

(2)对该公司的股票价格进行基本可视化,绘制出时间序列图,并分析其趋势和波动性。

(3)对该公司与同行业内其他公司(至少选择 3 家)的股票价格之间的相关性进行分析,计算相关系数矩阵并进行可视化展示。

（4）建立 VAR 模型,对该公司最近一个季度的股票价格走势进行预测,并评估预测结果的准确性和可靠性。

（5）尝试使用机器学习方法(如线性回归、支持向量机、随机森林等)对该公司的价格走势进行预测,并与 VAR 模型进行比较分析。

（6）提供数据处理和分析的代码,并撰写简要报告,总结分析结果并提出结论。

参考文献

［1］黄红梅.应用时间序列分析［M］.北京:清华大学出版社,2016.

［2］BOLLERSLEV T. Generalized autoregressive conditional heteroskedasticity［J］. Journal of Econometrics,1986,31(3):307-327.

［3］TAYLOR S J,LETHAM B.Forecasting at scale［J］.PeerJ Preprints,2017,9(5)

［4］王燕.时间序列分析:基于 R［M］.北京:中国人民大学出版社,2015.

［5］周永道,王会琦,吕王勇.时间序列分析及应用［M］.北京:高等教育出版社,2015.

［6］魏武雄. 时间序列分析:单变量和多变量方法［M］.易丹辉,刘超,贺学强,译.北京:中国人民大学出版社,2009.

［7］潘雄锋,彭晓雪.时间序列分析［M］.北京:清华大学出版社,2016.

［8］赵华.时间序列数据分析:R 软件应用［M］.北京:清华大学出版社,2016.

［9］吴喜之.复杂数据统计方法:基于 R 的应用［M］.2 版.北京:中国人民大学出版社,2013.

［10］何书元.应用时间序列分析［M］.2 版.北京:北京大学出版社,2023.

［11］Rob J Hyndman and George Athanasopoulos. Forecasting: Principles and Practice［M］. Melbourne:OTexts,2018.

［12］吴喜之,复杂数据统计方法:基于 R 的应用［M］.3 版.北京:中国人民大学出版社,2015.